運算思維程式講堂

打好 Python ×
ChatGPT
基礎必修課

胡昭民 著　ZCT 策劃

- 輕鬆
  學會
  Python 的
  入門精華

- 結合
  運算思維
  加強程式
  邏輯訓練

- 習題
  難易適中
  驗收教學
  成果

- 利用
  ChatGPT
  撰寫
  程式

- 使用
  ChatGPT
  開發 AI
  小遊戲

↓ 博碩官網下載
書中範例程式碼

作　　者：胡昭民 著・ZCT 策劃
責任編輯：黃俊傑

董 事 長：陳來勝
總 編 輯：陳錦輝

出　　版：博碩文化股份有限公司
地　　址：221 新北市汐止區新台五路一段 112 號 10 樓 A 棟
　　　　　電話 (02) 2696-2869　傳真 (02) 2696-2867

發　　行：博碩文化股份有限公司
郵撥帳號：17484299　戶名：博碩文化股份有限公司
博碩網站：http://www.drmaster.com.tw
讀者服務信箱：dr26962869@gmail.com
訂購服務專線：(02) 2696-2869 分機 238、519
（週一至週五 09:30 ～ 12:00；13:30 ～ 17:00）

版　　次：2023 年 5 月初版一刷

建議零售價：新台幣 560 元
I S B N：978-626-333-491-5
律師顧問：鳴權法律事務所 陳曉鳴律師

國家圖書館出版品預行編目資料

運算思維程式講堂：打好 Python x ChatGPT
　基礎必修課 / 胡昭民著 . -- 初版 . -- 新北市
　：博碩文化股份有限公司 , 2023.05

　面；　公分

ISBN 978-626-333-491-5(平裝)

1.CST: Python(電腦程式語言) 2.CST: 人工智慧
3.CST: 機器學習

312.32P97　　　　　　　　　　112007551

Printed in Taiwan

博碩粉絲團　歡迎團體訂購，另有優惠，請洽服務專線
(02) 2696-2869 分機 238、519

程式設計能力現在已經被看成是國力的象徵，學習如何寫程式已經是跟語文、數學、藝術一樣的基礎能力，連教育部都將撰寫程式列入國高中學生必修課程，培養孩子解決問題、分析、歸納、創新、勇於嘗試錯誤等能力，特別是 Python 語言更是目前全球最當紅的程式語言，由於 Python 語法易學易讀，在美國已經成為高中生必學的程式語言，國內目前也有許多學校開設 Python 語言，同時 APCS（Advanced Placement Computer Science）「大學程式設計先修檢測」，也可以選擇 Python 撰寫程式設計實作題。

Python 於 1989 年由 Guido van Rossum 發明，當時開發的目的就是想設計出一種優美強大，任何人都能使用的語言。Python 也符合高階易懂易上手與程式碼簡潔易讀的特性，更可貴的是，所有 Python 的版本都是自由 / 開放原始碼（Free and Open Source），而且 Python 語言可與 C/C++ 語言互相嵌入運用。

Python 是一種執行效率不錯的直譯式語言，具有強大的跨平台的特點，可以在大多數的主流平台上執行。更棒的是，Python 具有許多物件導向的特性，更是資料解析、資料探勘（Data Mining）、資料科學工作中經常被使用的程式語言，可以廣泛應用在網頁設計、App 設計、遊戲設計、自動控制、生物科技、大數據等領域。同時，Python 擁有第三方套件及開發工具，可以幫助程式設計師輕鬆地完成許多的程式設計開發工作。

本書結合運算思維與演算法的基本觀念，並以 Python 語言來一步步引導，期許幫助各位具備程式設計基本能力。其實學習程式語言和學游泳一樣，跳下水感覺看看才是最快的方法，對一個初學者的心態來說，就是實際跑出程式最為重要，因此為了方便初學者機上實作，本書程式碼都已在 Python 開發環境下正確編譯與執行。

另外，OpenAI 推出免費試用的 ChatGPT 聊天機器人，最近在網路上爆紅，它不僅僅是個聊天機器人，還可以幫忙回答各種問題，例如寫程式、寫文章、寫信等，本書加入了 ChatGPT 與 Python 雙效合一的應用，這個新單元精彩 ChatGPT AI 程式範例如下：

◆ 使用 Pygame 遊戲套件繪製多媒體圖案

◆ 以內建模組及模擬大樂透的開獎程式

◆ 建立四個主功能表的視窗應用程式

◆ 演算法的應用：迷宮問題的解決方案

◆ 海龜繪圖法（Turtle Graphics）繪製圖形

◆ 猜數字遊戲

◆ OX 井字遊戲

◆ 猜拳遊戲

◆ 比牌面大小遊戲

全書寫作風格是以入門者的角度去介紹，除了能學會 Python 語言的入門精華，更能加強程式邏輯訓練。因此，學生或是初學者都可以使用本書作為進入 Python 程式設計的殿堂。

2 CHAPTER
變數與資料處理

3 CHAPTER
運算式與運算子

4 CHAPTER 結構化程式設計與條件控制指令

5 CHAPTER 迴圈結構

6 CHAPTER 字串、串列、元組、字典與集合

7 CHAPTER
函數與演算法

8 CHAPTER
模組與套件自訂與應用

9 CHAPTER
視窗程式設計

10 CHAPTER
檔案的輸入與輸出

11 CHAPTER
ChatGPT 與 Python 程式設計黃金入門課

Chapter 1

程式設計與 Python 初體驗

隨著資訊與網路科技的高速發展，在目前這個雲端運算（Cloud Computing）與大數據（Big Data）的時代，唯有將「創意」經由「程式設計過程」與電腦結合，才能因應這個快速變遷的雲端世代。

Tips

「雲端」即泛指「網路」，來自於工程師對網路架構圖中的網路，習慣用雲朵來代表不同的網路。雲端運算就是將運算能力提供出來作為一種服務，只要使用者能透過網路登入遠端伺服器進行操作，就能使用運算資源。

大數據（又稱大資料、海量資料、big data），由 IBM 於 2010 年提出，是指在一定時效（Velocity）內進行大量（Volume）且多元性（Variety）資料的取得、分析、處理、保存等動作。我們可以簡單解釋：大數據即是巨大資料庫加上處理方法的一個總稱。

雲端運算加速了全民程式設計時代的來臨

Python 語言更是目前全球最當紅的程式語言，不但易懂好學，更有多元化的應用，做好掌握未來數位時代的提前準備，讓寫程式不再是資訊相關科系的專業，而是全民的基本能力。

1-1　認識程式語言

　　人和人之間的溝通需要語言，所以人們想要和電腦溝通，當然就要使用程式語言。程式語言就是人類用來和電腦溝通的語言，是一行行的指令與程式碼，可以將人類的思考邏輯和語言轉換成電腦能夠了解的語言，也是用來指揮電腦運算或工作的指令集合。

　　程式語言發展的歷史已有半世紀之久，由最早期的機器語言發展至今，已經邁入到第五代自然語言。每一代的語言都有其特色，並且一直朝著容易使用、除錯與維護功能更強的目標來發展。

程式語言是人類用來和
電腦溝通的語言

1-1-1　機器語言

　　機器語言就是一連串的 0 與 1 之組合，這是 CPU 直接能懂的語言，機器語言是所有程式語言中最為低階的一種，也是最不人性化、撰寫最為困難，且維護與修改都十分不易的程式語言。

1-1-2　組合語言

　　組合語言（Assembly Language）也是低階語言的一種，它只比機器語言來的高階一些，組合語言是用較接近口語的方式來表達機器語言的一些指令。例如：01100000B（C0H）是機器語言中，用來告訴 CPU 將 AX 暫存器的值放到記憶體堆疊的指令，但是如果以組合語言來寫，則是用 PUSH AX 來表示。

1-1-3 高階語言

高階語言就是比低階語言更容易懂的程式語言，舉凡是 C、C++、C#、Java 與 Python 等語言，都是高階語言的一員。高階語言廣泛被應用在商業、科學、教學、軍事…等軟體開發。一支用高階語言撰寫而成的程式，必須經過編譯器或解譯器翻譯成電腦能解讀、執行的低階機器語言程式，也就是執行檔，才能被 CPU 所執行。

🍪 編譯器（Compiler）

編譯式語言可將原始程式讀入主記憶體後，透過編譯器編譯成為機器可讀的可執行檔的目的程式，當原始程式每修改一次，就必須重新經過編譯過程，才能保持其執行檔為最新的狀況。經過編譯後所產生的執行檔，在執行中不需要再翻譯，因此執行效率較高，例如：C、C++、Java、C#、FORTRAN 等語言都是使用編譯的方法。

⏱ 解譯器（Interpreter）

解譯式語言則是利用解譯器來對高階語言的原始程式碼做逐行解譯，每解譯完一行程式碼後，才會再解譯下一行。若解譯的過程中發生錯誤，則解譯動作會立刻停止。由於每次執行時都必須再解譯一次，所以執行速度可能較慢，例如 Python、LISP、Prolog 等語言皆使用解譯的方法。

1-1-4 第四代語言

非程序性語言（Non-procedural Language）也稱為第四代語言，英文簡稱為 4GLS，例如報表和查詢語言，通常應用於資料庫系統。如醫院的門診系統、學生成績查詢系統等等。以 SQL 語言為例，其語法使用上相當直覺易懂，例如：

```
Select 姓名 From 學生成績資料表 Where 英文 = 100
```

1-1-5　第五代語言

　　第五代語言稱為人工智慧語言，或稱為自然語言，它是程式語言發展的終極目標，當然依目前的電腦技術尚無法完全辦到，因為自然語言使用者口音、使用環境、語言本身的特性（如一詞多義）都會造成電腦在解讀時產生不同的結果。

Tips

　人工智慧（Artificial Intelligence, AI）的概念最早是由美國科學家 John McCarthy 於 1955 年提出，人工智慧就是由電腦模擬或執行具有類似人類智慧或思考的行為，例如推理、規劃、問題解決及學習等能力。

1-2　Python 簡介與特性

　　Python 於 1989 年由 Guido van Rossum 發明，1991 年公開發行，由於 Python 語法易學易讀，在美國已經成為高中生必學的程式語言，目前版本為 3.11（版本持續更新中）。Guido van Rossum 開發 Python 的目的就是想設計出一種優美強大，任何人都能使用的語言，近幾年來，使用 Python 作為入門程式語言的人越來越多。

1-2-1　程式簡潔與開放原始碼

　　Python 符合易懂易上手與程式碼簡潔易讀的特性，讓程式碼也能像讀本書那樣容易理解。另外，所有 Python 的版本都是自由 / 開放原始碼（Free and Open Source），而且 Python 語言可與 C/C++ 語言互相嵌入運用，也就是說，程式設計師可以將部份程式以 C/C++ 語言撰寫，然後在 Python 程式中使用；或是將 Python 程式內嵌到 C/C++ 程式中。

1-2-2 直譯與跨平台的特性

Python 是執行效率不錯的直譯式語言,如果遇到哪一行有問題,就會顯示出錯誤訊息而馬上停止。另外 Python 程式具有強大的跨平台特點,可以在大多數的主流平台上執行,例如在 Windows 撰寫的程式,即不需要修改,便可以移植到在 Linux、Mac OS、OS/2…等不同平台上執行。

1-2-3 物件導向的設計風格

物件導向程式設計(Object-Oriented Programming, OOP)的主要精神就是將存在於日常生活中舉目所見的物件(Object)概念,讓各位在從事程式設計時,能以更生活化、可讀性更高的設計觀念來進行,並讓所開發出來的程式較容易擴充、修改及維護。

Python 具有許多物件導向的特性,例如類別、封裝、繼承、多形等設計,所有的資料也都是物件,不過它卻不像 Java 這類的物件導向語言強迫使用者必須用物件導向思維寫程式。

類別(Class)

為具有相同結構及行為的物件集合,是許多物件共同特徵的描述。例如小明與小華都屬於人這個類別,他們都有出生年月日、血型、身高、體重…等類別屬性。類別中的一個物件有時就稱為該類別的一個實例(Instance)。

封裝(Encapsulation)

封裝利用「類別(Class)」來實作抽象化的資料型態(ADT);包含一個資訊隱藏(Information Hiding)的重要觀念,而每一個類別都有其資料成員與方法成員,我們可將其資料成員定義為私有的(Private),而將用來運算或操作資料的函式成員定義為公有的(Public)來實現資訊隱藏,這就是「封裝」(Encapsulation)。

繼承（Inheritance）

繼承允許我們去定義一個新的類別來繼承既存的類別，進而使用或修改繼承而來的方法，並可在子類別中加入新的資料成員與函數成員，它能讓程式人員重複利用已宣告類別的成員方法，來重新定義及強化新類別所繼承的各項執行功能。

多形（Polymorphism）

所謂的多形，按照英文字面解釋，就是一樣東西同時具有多種不同的型態。多形最直接的定義就是具有繼承關係的不同類別物件，可以對相同名稱的成員方法呼叫，但卻可以產生不同的反應結果。

1-2-4 豐富的第三方套件

Python 是資料解析、資料探勘（Data Mining）、資料科學工作中經常被使用的程式語言，可以廣泛應用在網頁設計、App 設計、遊戲設計、自動控制、生物科技、大數據等領域。

Tips

資料探勘（Data Mining）則是一種資料分析技術，主要利用自動化或半自動化的方法，從大量的資料中分析發掘出有意義的模型以及規則，也就是從一個大型資料庫萃取有用的知識，並在現代商業及科學領域中應用。

除此之外，Python 擁有大量免費且開放原始碼的第三方套件及開發工具，可以幫助程式設計師輕鬆地編寫及擴充模組，完成許多的程式設計開發工作。

Tips

模組是指已經寫好的 Python 檔案，也就是副檔名為「.py」的檔案，模組中包含可執行的敘述和定義好的資料、函數或類別。一般來說，將多個模組組合在一起還能產生套件（Package）。如果說模組就是一個檔案，而套件就是一個目錄。

1-3　Python 安裝與執行

Python 是一種跨平台的程式語言，當今主流的作業系統（例如：Windows、Linux、Mac OS）都可以安裝與使用，本書是以 Windows 10 做為開發平台，首先我們要介紹如何下載與安裝 Python 的開發環境。步驟說明如下。

1-3-1　IDLE 編輯器下載與安裝

首先至 Python 官方網站（https://www.python.org/），請進入 Python 的「Downloads」頁面：

❶ 請按一下 Downloads

❷ 按此鈕下載最新版的 Python 工具

進入安裝畫面後，請勾選「Add Python 3.8 to PATH」核取方塊，它會將 Python 的執行路徑加入到 Windows 的環境變數中，如此一來，各位進入 Windows 作業系統的「命令提示字元」視窗時，就可以直接下達 Python 指令。

上述畫面中建議採用預設安裝路徑，當點選「Install Now」就可以進行安裝，安裝完成後，按下最後一個畫面的「Close」鈕，就可以順利完成安裝工作。接著就來看看 Windows 10 開始功能表中 Python 安裝了哪些工具：

- **IDLE 軟體**：內建的 Python 整合式開發環境軟體（Integrated Development Environment，簡稱 IDE）。

Tips

早期要設計程式，必須先找一種文字編輯器來編輯，例如 Windows 系統下的「記事本」，程式編輯完成後，再分別下達編譯與執行的指令，如果執行程式後發現執行結果有錯誤，又要回到原先的文字編輯器進行程式的修改工作。而「整合開發環境」（Integrated Development Environment, IDE）則可將程式的編輯、編譯、執行與除錯等功能整合於同一操作環境下。

- **Python 3.8**：會進入 Python 互動交談模式（Interactive Mode），當看到 Python 特有的提示字元「>>>」，就可以逐行輸入 Python 程式碼，如下圖所示。

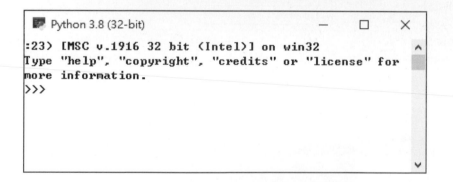

- **Python 3.8 Manuals**：Python 程式語言的解說文件。
- **Python 3.8 Module Docs**：提供 Python 內建模組相關函數的解說。

1-3-2 在桌面上建立 IDLE 捷徑

為了方便 IDLE 程式的執行,各位可以在工作列建立 IDLE 的捷徑,作法如下:

在開始功能表找到 Python 程式,接著在 IDLE 按右鍵
開啟快顯功能表,並執行「釘選到工作列」指令

請按下 IDLE 圖示鈕

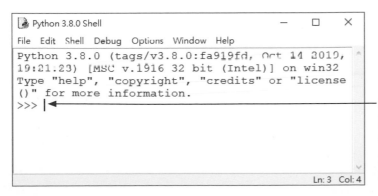

成功啟動 Python 整合
開發環境,在 Python
特有的「>>>」提示字
元時,就可以直接下達
Python 指令

下例就是一個簡單的 print() 函數，可以用來輸出字串，所謂字串就是將一連串字元放在單引號（'）或雙引號（"）括起來。請於「>>>」符號後輸入以下指令：

```
print(" 我的第一支 Python 程式 ")
```

如下圖所示：

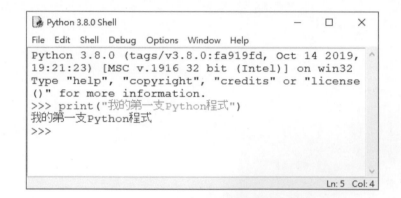

由上圖的執行結果，確定已成功執行 Python 程式了。

1-4 我的第一支 Python 程式就上手

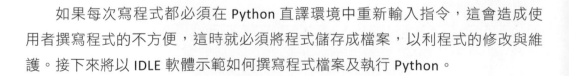

如果每次寫程式都必須在 Python 直譯環境中重新輸入指令，這會造成使用者撰寫程式的不方便，這時就必須將程式儲存成檔案，以利程式的修改與維護。接下來將以 IDLE 軟體示範如何撰寫程式檔案及執行 Python。

1-4-1 新建程式

首先請啟動 IDLE 軟體，接著執行「File/New File」指令，可以開始撰寫程式：

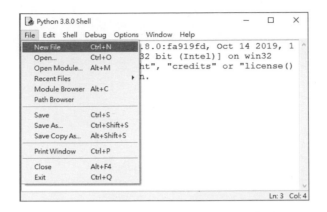

接著請輸入如下圖的程式碼：

1-4-2 儲存程式

然後執行「File/Save」指令，將檔案命名成「first.py」，按「存檔」鈕將所撰寫的程式儲存起來。

1-4-3 執行程式

執行「Run/Run Module」指令（或直接按 F5 功能鍵），即可正確執行本支程式。

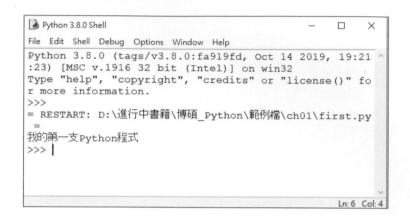

1-4-4 開啟程式

當程式檔案已儲存，則之後只要執行「File/Open」指令即可開啟此程式。

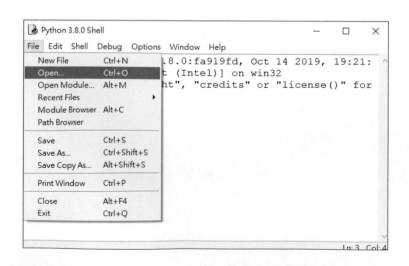

然後會出現「開啟」的對話方塊，接著選擇打算開啟的檔案即可。

★ 課 後 評 量

一、選擇題

1. （　　）大數據的特性不包含下列哪一個層面？

    (A) 大量性 　　　　　　　　　(B) 速度性

    (C) 多樣性 　　　　　　　　　(D) 重覆性

2. （　　）有關程式語言的描述，下列何者不正確？

    (A) 機器語言是一連串的 0 與 1 之組合

    (B) 機器語言撰寫而成的程式，必須經過編譯器或解譯器翻譯為機器語言

    (C) Python 是一種高階程式語言

    (D) 人工智慧語言，或稱為自然語言

3. （　　）Python 語言的特性不包括下列何者？

    (A) 程式碼簡潔 　　　　　　　(B) 開放原始碼

    (C) 編譯式語言 　　　　　　　(D) 物件導向

二、問答與實作題

1. 大數據主要特性包括哪三種層面？

2. 試簡述 Python 語言的特性。

3. 請說明解譯式程式語言的特性。

4. Python 具有哪些物件導向程式語言的特性？

MEMO

Chapter

2

變數與資料處理

Python 語言中最基本的資料處理對象就是變數，主要的用途就是儲存資料，以供程式中各種計算與處理之用。

變數就像大小不一的抽屜可以擺放不同尺寸的物品

2-1　認識變數

變數（variable）就是在程式中由 Python 直譯器所配置的一塊具有名稱的記憶體，用來儲存可變動的資料內容，當程式需要時再取出使用，為了方便識別，必須給它一個名字，就稱為「變數」。

2-1-1　變數宣告與指定

大部份的程式語言使用變數前，必須先告訴程式準備要使用這個變數，這個動作就叫做「變數宣告」，變數宣告的主要作用在告知電腦，需要幫這個變數準備多少的記憶體空間。

不過，Python 在變數的處理上是採用物件參照（Object reference）的方法，並使用「動態型別」（Dynamically-typed）模式，簡單來說，就是變數的型態是在給定初始值時才決定，所以 Python 變數不需要事先宣告就可以使用，這點和其他語言（例如：C、C++、Java），一定要事先宣告資料型態後才能使用變數有所不同。

「動態型別」（Dynamically-typed）的語言是在執行時才會依照變數值來決定資料型態，也就是變數儲存區配置的過程是在程式執行時（Running Time）處理，因此變數使用前不需要宣告型態，同一個變數還可以指定不同型態的值。

Python 是利用「=」號來設定變數的內容值，其語法如下：

```
變數名稱 = 變數值
```

例如：

```
num1=30
num2=77
```

這時 Python 會分別自動分配記憶體給變數 num1，儲存值為 30，及變數 num2，儲存值為 77。當程式進行時需要存取這塊記憶體時，就可直接利用變數名稱 num1 與 num2 來進行存取。如下圖所示：

記憶體位置		變數名稱
1024	30	num1
1028	77	num2

下式將以上變數 num1 值改為字串 "apple" 時，num1 就會自動轉換為字串型態，跟 C/C++ 相比，變數的使用上是不是十分方便？

```
num1= "apple"
```

Tips 關於數學等號與程式語言等號的迷思

記得早期初學程式設計時，最不能理解的就是等號「=」在程式語言中的意義。例如我們常看到下面這樣的指令：

```
sum=5;
sum=sum+1;
```

以往我們總是認為那是一種相等或等於的觀念，那 sum=5 還說的通，至於 sum=sum+1 這道指令，可就讓人一頭霧水了！其實「=」主要是當做「指定」（assign）的功能，各位可以想像成當宣告變數時會先在記憶體上安排位址，等到利用指定運算子（=）設定數值時，才將數值指定給該位址來儲存。而 sum=sum+1 可以看成是將 sum 位址中的原資料值加 1 後，再重新指定給 sum 的位址。

另外，當兩行的指令很短時，可使用「;」（半形分號）把分行的指令合併成一行。

```
a = 10; b = 20
```

各位也可以一次宣告多個相同資料值的變數，例如 a, b, c 三個變數的值都是 66：

```
a=b=c=66
```

或者利用 "," 隔開變數名稱，就能在同一列中宣告：

```
a, b, c = 10, 20, 30
```

同理，各位也可以混合不同型態的變數一起宣告：

```
year, height, name = 55, 175.6, "Alex"
```

如果變數確定不需要使用了，您也可以使用「del」來刪除，以節省系統資源，例如：

```
del num1
```

以下的例子示範了各種變數的設定與執行結果。

範例程式 **variable.py** ▶ **各種變數的設定**

```
01   num1=30
02   print(num1)
03   num1="happy"
04   print(num1)
05   a=b=12
06   print(a,b)
07   name,salary,weight=" 陳大富 ",60000,85.7
08   print(name,salary,weight)
```

執行結果

```
30
happy
12 12
陳大富 60000 85.7
```

程式解說

◆ 第 1 ～ 2 行：將數值 30 設定給變數 num1，接著印出其值。

◆ 第 3 ～ 4 行：將字串 "happy" 設定給變數 num1，接著印出其值，各位可以發現該變數的資料型態從原先的數值改變成字串。

◆ 第 5 行：一次宣告多個相同資料型態的變數。

◆ 第 7 行：混合不同型態的變數一起宣告。

2-1-2 變數命名規則

在 Python 程式中識別字包括了變數、函數、類別、方法等代號。基本上，變數名稱都是由程式設計者所自行定義，為了考慮到程式的可讀性，各位最好儘量以符合變數所賦予的功能與意義來命名。例如總和取名為「sum」，薪資取名為「salary」等。特別是當程式規模越大時，變數的可讀性越顯得重要。

在 Python 中的變數命名也需要符合一定的規則，如果使用不適當的名稱，可能會造成程式執行時發生錯誤。由於變數是屬於 Python 識別字的一種，必須遵守以下基本規則：

1. 變數名稱第一個字元必須是英文字母或是底線（_）或是中文，不過建議大家還是盡量少用中文，會影響程式的可攜性。

2. 其餘字元可以搭配大小寫英文字母、數字、_ 或中文，變數名稱的長度不限。

3. Python 是屬於區分大小寫的語言，也就是說「myName」、「MyName」、「myname」會被 Python 視為三個不同的名稱。

4. 關鍵字則是具有語法功能的保留字，各位絕對不能更改或重複定義它們。

    常見的關鍵字如下：

acos	finally	return
and	floor	sin
array	for	sqrt
asin	from	tan
assert	global	True
atan	if	try
break	import	type
class	in	while
continue	input	with
cos	int	write
Data	is	yield
Def	lambda	
Del	log	
e	log10	
elif	not	
else	open	
except	orl	
exec	pass	
exp	pi	
fabs	print	
False	raise	
float	range	

以下是合法與不合法的變數名稱比較：

合法變數名稱	不合法變數名稱
abc	@abc,5abc
_apple,Apple	dollar$,*salary
structure	while

其中 @abc,5abc 違反變數名稱第一個字元必須是英文字母或是底線（_）或是中文的命名規則。dollar$,*salary 則是違反除了第一個字元，其餘字元可以搭配其他的大小寫英文字母、數字、_ 或中文的命名規則。至於 while 這個變數名稱不能與 Python 的保留字相同。

2-1-3 程式註解的重要

註解是用來說明程式碼或是提供其他資訊的描述文字，Python 直譯器會忽略註解，因此並不會影響執行結果。除了能提高程式可讀性，在日後進行程式維護與修訂時，也能夠省下不少時間成本。我們知道一般評斷程式語言好壞的四項如下：

- **可讀性（Readability）高**：閱讀與理解都相當容易。
- **平均成本低**：成本考量不侷限於編碼的成本，還包括了執行、編譯、維護、學習、除錯與日後更新等成本。
- **可靠度高**：所撰寫出來的程式碼穩定性高，不容易產生邊際錯誤（Side Effect）。
- **可撰寫性高**：針對需求所撰寫的程式相對容易。

其中可讀性就跟你在撰寫程式時適當的加入程式註解息息相關。Python 的
註解有兩種：單行註解跟多行註解。

- **單行註解**：單行註解符號是「#」，在「#」以後的文字都會被當成註解，
  例如：

```
#salary 變數的功能是用來記錄每位員工的薪水
```

- **多行註解**：多行註解是以三個引號包住註解文字，引號可以是成對的三個
  雙引號：

```
"""
程式名稱：reverse.py
程式功能：本程式功能會將所輸入的字串以反向方式輸出
"""
```

也可以用三個單引號：

```
'''
程式名稱：reverse.py
程式功能：本程式功能會將所輸入的字串以反向方式輸出
'''
```

2-2 資料型態

資料型態（data type）是用來描述程式中各種資料的類型，每種程式語言
都擁有屬性不同的基本資料型態，例如整數、浮點數或者字串等等。接下來我
們要簡單介紹 Python 常用的基本型態。

2-2-1 數值型態

常見數值型態有整數（int）、浮點數（float）及布林值（bool）三種。

整數

整數資料型態是用來儲存不含小數點的資料，跟數學上的意義相同，如 -1、2、-100、0、1、2、100 等，在各位宣告變數資料型態時，可以同時設定初值，這個初始值的整數表示也可以是十進位、二進位、八進位或十六進位。

二進位	說明
125	十進位
0b1101101	二進位
0x16	十六進位
0o24	八進位
-312	負數

各位也可以利用配合 Python 的內建函數來做轉換，如下所示：

內建函數	說明
bin(int)	將十進位數值轉換成二進位，轉換的數字以 0b 為前綴字元
oct(int)	將十進位數值轉換成八進位，轉換的數字以 0o 為前綴字元
hex(int)	將十進位數值轉換成十六進位，轉換的數字以 0x 為前綴字元
int(s, base)	將字串 s 依據 base 參數提供的進位數轉換成十進位數值

以下程式範例是整數不同進位的表示方式。

範例程式 **carry.py** ▶ 整數不同進位的表示方式

```
01  num=123
02  print(num)
03  num1=bin(num)  # 二進位
04  print(num1)
05  num2=oct(num)  # 八進位
06  print(num2)
07  num3=hex(num)  # 十六進位
08  print(num3)
09  print(int(num1,2))  # 將二進位的字串轉換成十進位數值
10  print(int(num2,8))  # 將八進位的字串轉換成十進位數值
11  print(int(num3,16)) # 將十六進位的字串轉換成十進位數值
```

執行結果

```
123
0b1111011
0o173
0x7b
123
123
123
```

程式解說

◆ 第 3 ～ 4 行：將數值 num=123 轉換成二進位並設定變數 num1，接著印出其值。

◆ 第 5 ～ 6 行：將數值 num=123 轉換成八進位並設定變數 num2，接著印出其值。

◆ 第 7 ～ 8 行：將數值 num=123 轉換成十六進位並設定變數 num3，接著印出其值。

◆ 第 9 ～ 11 行：分別將二進位的 num1、八進位的 num2、十六進位的 num3 轉換成十進位並印出其值。

浮點數

浮點數（floating point）資料型態指的就是帶有小數點的數字，也就是我們在數學上所指的實數，例如 4.99、387.211、0.5、3.14159 等。下表為 Python 內建浮點數的相關方法：

方法	說明
fromhex(s)	將十六進位的浮點數轉為十進位
hex()	以字串來回傳十六位數浮點數
is_integer()	判斷是否為整數，若小數位數是零，會回傳 True
round(x,n)	會回傳參數 x 最接近的數值，n 是指定回傳的小數點位數

例如：

```
num =  0.1 + 0.2
print( round(num, 1) )  # 結果值為 0.3
```

布林值

布林（bool）是一種表示邏輯的資料型態，只有真假值 True 與 False。布林資料型態通常使用於流程控制做邏輯判斷。你也可以採用數值「1」或「0」來代表 True 或 False。

範例程式 **bool.py** ▶ 轉換布林型態

```
01  print( bool(0) )
02  print( bool("") )
03  print( bool(" ") )
04  print( bool(1) )
05  print( bool("XYZ") )
```

執行結果

```
False
False
True
True
True
```

程式解說

◆ 第 2 行：傳入是一個空字串，所以會回傳 False。

◆ 第 3 行：傳入是含有一個空格的字串，所以會回傳 True。

2-2-2 字串型態

在 Python 中將一連串字元放在單引號（'）或雙引號（"）括起來，就是一個字串（string），請注意！單引號（'）或雙引號（"）必須成對使用，不可混合使用，否則會發生語法錯誤。如果要將字串指定給特定變數時，可以使用「=」指定運算子。範例如下：

```
phrase= " 心想事成 "
```

如果字串的本身包含雙引號或單引號，則可以使用另外一種引號來包住該字串。以下幾種表示方式都是正確的字串表示方式：

```
01  "13579"
02  "1+2"
03  "Hello, how are you?"
04  "I'm all right, but it's raining."
05  'I\'m all right, but it\'s raining.'
```

底下的小例子都是一種使用單引號（'）或雙引號（"）錯誤的例子。

```
'I'm all right, but it's raining.'
"I"m all right, but it"s raining."
```

Tips

Python 中沒有提供字元型態，如果要表示一個字元，就用長度為 1 的字串來表現，例如 "a" 或 'a'。

當字串較長時，也可以利用「\」字元將過長的字串拆成兩行：

```
slogan="Never put until \
tomorrow \
what you can do today"
```

當需要依照固定的格式來輸出多行字串，則可以利用三個單引號或三個雙引號來框住使用者指定的字串格式，例如：

```
>>> print("""忠孝
仁愛
信義
和平""")
忠孝
仁愛
信義
和平
```

Tips

如果想要了解變數的資料型態，就可以使用 type() 指令來傳回指定變數的資料型態。例如：

```
print(type(23))  # 輸出結果 <class 'int'>
print(type(3.14)) # 輸出結果 <class 'float'>
print(type("happy birthday")) # 輸出結果 <class 'str'>
print(type(True)) # 輸出結果 <class 'bool'>
```

執行結果：

```
<class 'int'>
<class 'float'>
<class 'str'>
<class 'bool'>
```

2-2-3 資料型態轉換

在 Python 運算當中，變數之間必須具備相同型態才能進行運算，當不同資料型態變數進行運算時，需要對於針對運算式執行上的要求，還可以「暫時性」轉換資料的型態。例如整數與浮點數運算時，Python 會先將位元數少的型態先轉換為位元數多的型態，再來進行運算，也就是會先轉換為浮點數進行運算，最後結果也為浮點數，例如：

```
sum = 12 + 11.5 # 其運算結果為浮點數 23.5
```

如果要串接多個字串，也可以利用「+」符號，例如：

```
>>> print("2020"+"新年快樂")
2020新年快樂
>>>
```

但是如果要直接串接整數與字串，則會出現錯誤：

```
>>> print("愛你"+1000+"年")
Traceback (most recent call last):
  File "<pyshell#4>", line 1, in <module>
    print("愛你"+1000+"年")
TypeError: can only concatenate str (not "int") to str
>>>
```

除了由 Python 自行型態轉換之外，各位也可以強制轉換資料型態。Python 強制轉換資料型態的內建函數有下列三種：

■ **int()**：強制轉換為整數資料型態。

例如：

```
num1 = "8"
num2 = 12 + int(num1)
print(num2)   # 結果：20
```

變數 num1 的值是 8 是字串型態，所以先用 int(x) 轉換為整數型態。

■ **float()**：強制轉換為浮點數資料型態。

```
num1 = "9.25"
num2 = 6 + float(num1)
print(num2)   # 結果：15.25
```

變數 num1 的值是 9.25 是字串型態，所以先用 float(x) 轉換為浮點數型態。

■ **str()**：強制轉換為字串資料型態。

```
num1 = "3.78"
num2 = 5 + float(num1)
print(" 輸出的數值是 " + str(num2))     # 結果：輸出的數值是 8.78
```

print() 函數裡面「現在輸出的數值是」這一串字是字串型態，「**+**」號可以將兩個字串相加，變數 num2 是浮點數型態，所以必須先轉換為字串。

2-3 輸出指令 --print

print() 函數會將指定的文字輸出到螢幕，print() 函數更可以配合格式化字元，來輸出指定格式的變數或數值內容。格式如下：

```
print ( 項目 1[, 項目 2,…, sep= 分隔字元 , end= 結束字元 ])
```

Tips

[] 內表示可省略的參數，那麼分隔字元與結束字元會以系統預設值為主，結束字元預設的分隔符號為一個空白字元 ("")。

說明如下：

■ **項目 1, 項目 2,...**：print() 函數可以用來列印多個項目，每個項目之間必須以逗號隔開「,」。

■ **sep**：分隔字元，可以用來列印多個項目，每個項目之間必須以分隔符號區隔。

■ **end**：結束字元，是指在所有項目列印完畢後會自動加入的字元，如果省略 end 不寫，執行 print() 函數之後就會換行，當然各位也可以設定 end=""，那麼下次列印時還會在同一列上。

例如 print(10, 20, 30, sep="@")，會輸出 10@20@30，如果省略 sep 不寫，就會以預設的空格來分隔輸出的資料。

我們再來看幾個例子，其程式碼及輸出結果如下：

```
print("python 簡單又好學 ")    # 直接印出
print(" 一年甲班 ", " 通過檢測 ", 100, " 人 ") # 分隔字元為空白
print(" 一年甲班 ", " 通過檢測 ", 100, " 人 ", sep="@") # 分隔字元為 @，並自動換行
print(" 一年甲班 ", " 通過檢測 ", 100, " 人 ", sep="@",end="")  # 輸出後不會換行
print(" 狂賀 ")    # 直接緊接著上一行輸出
```

其輸出結果如下：

```
python簡單又好學
一年甲班  通過檢測 100  人
一年甲班@通過檢測@100@人
一年甲班@通過檢測@100@人狂賀
```

2-3-1「%」參數格式化輸出

接下來我們要補充 print 指令也支援格式化輸出功能，有兩種格式化方法可以使用，一種是以「%」格式化輸出，另一種是透過 format 函數格式化輸出。

首先介紹由 "%" 字元與後面的格式化字串來輸出指定格式的變數或數值內容，語法如下：

```
print(" 項目 " % (參數列))
```

參數列中含有要輸出的字串與對應引數列項目的格式化字元，這些項目可以是變數、常數或者是運算式的組合，格式化字串中有多少個格式化字元，參數列中就該有相同數目對應的項目。各種格式化字元輸出方式請參考下表：

格式化符號	說明
%s	字串
%d	整數
%f	浮點數
%e	浮點數，指數 e 型式
%o	八進位整數
%x	十六進位整數

例如：

```
score=98
print(" 小明的分數：%d" % score)
```

輸出結果

```
小明的分數：98
```

```
print("%5s 的平均遊戲積分：%5.2f" % ("Bruce",83))
print("%5s 的平均遊戲積分：%5.2f" % ("Andy",57.2))
```

輸出結果

```
Bruce的平均遊戲積分：83.00
 Andy的平均遊戲積分：57.20
```

以下範例將數字 168，分別用 print 函數輸出浮點數、八進位、十六進位以及二進位。

範例程式 **print_%.py** ▶ 整數輸出不同進制

```
01  num = 168
02  print (" 數字 %s 的浮點數：%5.1f" % (num,num))
03  print (" 數字 %s 的八進位：%o" % (num,num))
04  print (" 數字 %s 的十六進位：%x" % (num,num))
05  print (" 數字 %s 的二進位：%s" % (num,bin(num)))
```

執行結果

```
數字 168 的浮點數：168.0
數字 168 的八進位：250
數字 168 的十六進位：a8
數字 168 的二進位：0b10101000
```

上例透過內建函數 bin() 將十進位數字轉換成二進位字元再輸出。

2-3-2 以 format 方法將輸出資料格式化

接下來還要介紹如何透過 format 函數格式化輸出，是以一對大括號「{}」來表示參數的位置，{} 內則用 format() 裡的引數替換，不需要理會引數資料型態，一律用 {} 表示，可使用多個引數，同一個引數可以多次輸出，位置可以不同，語法如下：

```
print ( 字串 .format ( 參數列 ) )
```

舉例來說：

```
print("{0} 駕照考了 {1} 次 . ".format(" 陳美鳳 ", 5))
```

其中 {0} 表示使用第一個引數、{1} 表示使用第二個引數，以此類推，如果 {} 內省略數字編號，就會依照順序填入。

您也可以使用引數名稱來取代對應引數，例如：

```
print("{person} 一年收入新台幣 {money} 元 . ".format(person =" 許富強 ",
money=1000000))   # 許富強 一年收入新台幣 1000000 元 .
```

直接在數字編號後面加上冒號「:」可以指定參數格式，例如：

```
print('{0:.3}'.format(1.732))     #1.73
```

表示第一個引數取小數點後 2 位（含小數點）。

以下程式碼是利用 format 方法來格式化輸出字串及整數的工作：

format_1.py

```
company=" 藍海科技股份有限公司 "
year=27
print("{} 已成立公司 {} 年 " .format (company, year))
```

輸出結果如下圖：

藍海科技股份有限公司已成立公司 27 年

下列利用了資料型態轉換，將字串轉成整數後，再進行相乘的運算。

範例程式 **change.py** ▶ **資料型態轉換**

```
01  str = "{1} * {0} = {2}"
02  a = 3
03  b = "5"
04  print(str.format(a, b, a * int(b)))
```

執行結果

```
5 * 3 = 15
```

另外也可以搭配「^」、「<」、「>」符號加上寬度來讓字串居中、靠左對齊或靠右對齊，例如：format_2.py

```
print("{0:10} 收入：{1:_^12}".format("Axel", 52000))
print("{0:10} 收入：{1:>12}".format("Michael", 87000))
print("{0:10} 收入：{1:*<12}".format("May", 36000))
```

執行結果

```
Axel       收入：___52000___
Michael    收入：       87000
May        收入：36000*******
```

其中 {1:_^12} 表示寬度 12，以底線「_」填充並置中；{1:>12} 表示寬度 12 靠右對齊，未指定填充字元就會以空格填充；{1:*<12} 表示寬度 12，以星號「*」填充並靠左對齊。

範例程式 salary.py ▶ 格式化列印員工各項收入

```
01  print(" 編號 姓名    底薪  業務獎金 加給補貼 ")
02  print("%3d %3s %6d %6d %6d" %(801," 朱正富 ",32000,10000,5000))
03  print("%3d %3s %6d %6d %6d" %(805," 曾自強 ",35000,8000,7000))
04  print("%3d %3s %6d %6d %6d" %(811," 陳威動 ",43000,15000,6000))
```

執行結果

```
編號 姓名    底薪  業務獎金 加給補貼
801 朱正富  32000  10000   5000
805 曾自強  35000   8000   7000
811 陳威動  43000  15000   6000
```

2-4 輸入指令 --input

input() 函數可以經由標準輸入設備（鍵盤），把使用者所輸入的數值、字元或字串傳送給指定的變數，input() 函數可以指定提示文字，語法如下：

```
變數 = input(" 提示文字 ")
```

上述語法中的「提示文字」是一段告知使用者輸入的提示訊息，使用者輸入的資料是字串格式，我們可以透過內建的 int()、float()、bool() 等函數將輸入的字串轉換為整數、浮點數、布林值型態。

使用 input 命令時，所輸入的資料類型是字串，一些新手常會在輸入數字型態的資料時，直覺認為是數值並進行運算，因而發生資料型態不符的錯誤，例如：

```
money=input(" 請輸入金額： ")
print(money*1.05)
```

會出現如下的錯誤訊息：

```
TypeError: can't multiply sequence by non-int of type 'float'
```

這是因為變數 money 是字串無法與數值 1.05 相乘，因為發生無法相乘的錯誤。

正確的作法是將字串以 int 或 float 強制將數值轉換為數值資料型態，就可以正常執行，程式碼修改如下：

```
money=input(" 請輸入金額： ")
print(int(money)*1.05)
```

```
請輸入金額： 5200
5460.0
```

以下這個程式範例利用 input 函數，讓使用者由螢幕輸入兩筆資料，並且輸出這兩數的和。

範例程式 **add.py** ▶ 將輸入的兩數相加後輸出

```
01  no1=input(" 請輸入第 1 個浮數： ")
02  no2=input(" 請輸入第 2 個浮數： ")
03  print(" 兩數的和 ",float(no1)+float(no2))
```

執行結果

```
請輸入第1個浮數： 3.8
請輸入第2個浮數： 9.2
兩數的和 13.0
```

程式解說

◆ 第 3 行：直接輸出兩數的和。但在兩數要相加之前，必須將所輸入的字串以 float() 函數強制轉換成浮點數值才可以相加。

綜合範例

1. 請各位設計一程式，可以讓使用者進行日期輸入，並顯示輸入的結果。

```
請輸入日期(YYYY-MM-DD)：
2020
08
15
日期：2020-08-15
```

解答 date.py

```
01  print(" 請輸入日期 (YYYY-MM-DD)：")
02  year=input()
03  month=input()
04  day=input()
05  print(" 日期：%s-%s-%s" %(year, month, day))
```

2. 月球引力約為地球引力的 **17%**，請設計一程式讓使用者輸入體重，以求得該使用者於月球上之體重。

```
請輸入您的體重(公斤):80
您在月球上體重為：13.60000 公斤
```

解答 earth.py

```
01  print(" 請輸入您的體重 ( 公斤 ):",end="")
02  weight=int(input())# 輸入體重
03  print(" 您在月球上體重為：%.5f 公斤 " %(weight * 0.17))
```

3. 請設計一程式讓使用者任意輸入十進位數，並分別輸出該數的八進位與十六進位數的數值。

```
請輸入一個十進位數： 84
Val的八進位數=124
Val的十六進位數=54
```

解答 digit.py

```
01  print(" 請輸入一個十進位數： ",end="")
02  Val=int(input())
03  print("Val 的八進位數 =%o" %Val);  # 以 %o 格式化字元輸出
04  print("Val 的十六進位數 =%x" %Val);  # 以 %x 格式化字元輸出
```

★ 課 後 評 量

一、選擇題

1. (　　) 下列哪一個變數設定資料值的方式是正確的？

    (A) a=b=c=66

    (B) a, b, c = 10, 20, 30

    (C) year, height, name = 55, 175.6, "Alex"

    (D) 以上皆是正確的變數設定值的方式

2. (　　) 如果變數確定不需要使用了，可以使用哪一個指令來刪除？

    (A) drop　　　　　(B) del　　　　　(C) erase　　　　　(D) omit

3. (　　) 對於特定物件的方法、屬性或指令不清楚可以使用下列哪個函數查詢？

    (A) help()　　　　(B) aid()　　　　(C) menu()　　　　(D)how()

4. (　　) print(bool(1)) 結果值為何？

    (A) True　　　　　(B) False　　　　(C) true　　　　　(D) false

5. (　　) 當字串較長時，也可以利用什麼字元將過長的字串拆成兩行。

    (A) /　　　　　　(B) |　　　　　　(C) \　　　　　　(D) #

二、問答與實作題

1. 試簡述 Python 命名的基本原則。

2. 請解釋下列三個不合法變數名稱分別違反了什麼樣的命名規則？

    ① @abc　　　② dollar$　　　③ range

3. 一般評斷程式語言好壞的四項標準為何？

4. Python 的註解有哪兩種方式。

5. Python 強制轉換資料型態的內建函數有哪些？

Chapter

3

運算式與運算子

一般我們在程式撰寫中經常將變數或數值等各種「運算元」（Operands），利用系統預先定義好的「運算子」（Operators）來進行各種算術運算（如＋、－、×、÷ 等）、邏輯判斷（如 AND、OR、NOT 等）與關係運算（如 >、<、＝ 等），以求取一個執行結果。

```
A=(B+C)*(A+10)/3;
```

如以上數學式子就是一種運算式，＝、＋、* 及 / 符號稱為運算子，而變數 A、B、C 及常數 10、3 都屬於運算元。接著將介紹常見的運算子。

3-1 算術運算子

算術運算子（Arithmetic Operator）包含了數學運算中的四則運算。算術運算子的符號與名稱如下表所示：

算術運算子	範例	說明
+	a+b	加法
-	a-b	減法
*	a*b	乘法
**	a**b	乘冪（次方）
/	a/b	除法
//	a//b	整數除法
%	a%b	取餘數

「/」與「//」都是除法運算子，「/」會有浮點數；「//」會將除法結果的小數部份去掉只取整數，「%」是取得除法後的餘數。這三個運算子都與除法相關，所以要注意第二個運算元不能為零，否則會發生除零錯誤。例如：

```
x = 25
y = 4
print(x / y)      # 浮點數 6.25
print(x // y)     # 整數 6
print(x % y)      # 餘數 1
```

另外還有「**」是乘冪運算，例如要計算 3 的 4 次方：

```
print(3 ** 4)    #81
```

如果兩個整數相除，計算結果仍然會是整數，如果商數含有小數，會被自動去除，接著以實際的程式範例來為您說明。

範例程式 **math.py** ▶ 四則運算子的運算說明與示範

```
01   a=10;b=7;c=20
02   print(a/b)
03   print((a+b)*(c-10)/5)
```

執行結果

```
1.4285714285714286
34.0
```

程式解說

◆ 第 1 行：宣告整數型態的變數 a、b、c，並且分別設定變數的初值。

◆ 第 2 行：顯示「a/b」的回傳值。

◆ 第 10 行：(a+b)*(c-10)/5 會先計算括號部分，再計算乘除部分，所以回傳值為 34.0。

綜合範例

1. 請設計一程式，經過以下宣告與運算後 A、B、C 的值。

解答 math1.py

```
01  A=5;B=8;C=10
02  B=B+1
03  A=B*(C-A)/(B-A)
04  print("A= ",A)
05  print("B= ",B)
06  print("C= ",C)
```

執行結果

```
A=   11.25
B=   9
C=   10
```

3-2 複合指定運算子

在 Python 中「=」符號稱為指定運算子（assignment operator），主要作用是將等號右方的值指派給等號左方的變數。語法格式如下：

```
變數名稱 = 指定值 或 運算式；
```

在指定運算子（=）右側可以是常數、變數或運算式，最終都將會值指定給左側的變數；而運算子左側也僅能是變數，不能是數值、函數或運算式等。例如：

```
a=5
b=a+3
c=a*0.5+7*3
x-y=z     # 不合法的語法，運算子左側只能是變數
```

另外指定運算子也可以搭配某個運算子，而形成「複合指定運算子」（Compound Assignment Operators）。複合指定運算子的格式如下：

```
a op= b
```

此運算式的含意是將 a 的值與 b 的值以 op 運算子進行計算，然後再將結果指定給 a。請看下表說明：

指派運算子	範例	說明
=	a = b	將 b 指派給 a
+=	a += b	相加同時指派，相當於 a=a+b
-=	a -= b	相減同時指派，相當於 a=a-b
*=	a *= b	相乘同時指派，相當於 a=a*b
**=	a **= b	乘冪同時指派，相當於 a=a**b
/=	a /= b	相除同時指派，相當於 a=a/b
//=	a //= b	整數相除同時指派，相當於 a=a//b
%=	a %= b	取餘數同時指派，相當於 a=a%b

範例程式 **compound.py** ▶ **複合指定運算說明與示範**

```
01  num=8
02  num*=9
03  print(num)
04  num+=1
05  print(num)
06  num//=9
07  print(num)
08  num %= 5
09  print(num)
10  num -= 2
11  print(num)
```

執行結果

```
72
73
8
3
1
```

程式解說

◆ 第 1 行：設定 num 值為 8，第 2、4、6、8、10 行則分別執行不同的複合指定運算式。

3-3 比較運算子

比較運算子主要是在比較兩個數值之間的大小關係，當狀況成立，稱之為「真（True）」，狀況不成立，則稱之為「假（False）」。比較運算子也可以串連使用，例如 a < b <= c 相當於 a < b，而且 b <= c。下表為常用的比較運算子。

比較運算子	範例	說明
>	a > b	左邊值大於右邊值則成立
<	a < b	左邊值小於右邊值則成立
==	a == b	兩者相等則成立
!=	a != b	兩者不相等則成立
>=	a >= b	左邊值大於或等於右邊值則成立
<=	a <= b	左邊值小於或等於右邊值則成立

這個程式範例是輸出兩個整數變數與各種比較運算子間的真值表，以 0 表示結果為假，1 表示結果為真。

範例程式 **compare.py** ▶ **各種比較運算子間的真值表**

```
01  a=19; b=13
02  # 比較運算子運算關係
03  print("a=%d b=%d " %(a,b))
04  print("------------------------------")
05  print("a>b, 比較結果為 %d 值 " %(a>b))
06  print("a<b, 比較結果為 %d 值 " %(a<b))
07  print("a>=b, 比較結果為 %d 值 " %(a>=b))
08  print("a<=b, 比較結果為 %d 值 " %(a<=b))
09  print("a==b, 比較結果為 %d 值 " %(a==b))
10  print("a!=b, 比較結果為 %d 值 " %(a!=b))
```

執行結果

```
a=19 b=13
------------------------------
a>b,比較結果為 1 值
a<b,比較結果為 0 值
a>=b,比較結果為 1 值
a<=b,比較結果為 0 值
a==b,比較結果為 0 值
a!=b,比較結果為 1 值
```

程式解說

◆ 第 1 行：給定 a, b 的值。

◆ 第 5 ～ 10 行：分別輸出 a、b 與關係運算子的比較結果，真時顯示為 1，假時則顯示為 0。

3-4 邏輯運算子

邏輯運算子也是運用在邏輯判斷的時候，可控制程式的流程，通常是用在兩個表示式之間的關係判斷。邏輯運算子共有三種，如下表所列：

運算子	用法
and	a>b and a<c
or	a>b or a<c
not	not (a>b)

有關 and、or 和 not 的運算規則說明如下：

■ **and**：當 and 運算子兩邊的條件式皆為真（True）時，結果才為真，例如假設運算式為 a>b and a>c，則運算結果如下表所示：

a > b 的真假值	a > c 的真假值	a>b and a>c 的運算結果
真	真	真
真	假	假
假	真	假
假	假	假

例如：a=7, b=5, c=9

則 a>b and a>c 的運算結果為 True and False，結果值為 False。

■ **or**：當 or 運算子兩邊的條件式，有一邊為真（True）時，結果就是真，例如：假設運算式為 a>b or a>c，則運算結果如下表所示：

a > b 的真假值	a > c 的真假值	a>b or a>c 的運算結果
真	真	真
真	假	真
假	真	真
假	假	假

例如：a=7, b=5, c=9

則 a>b or a>c 的運算結果為 True or False，結果值為 True。

■ **not**：這是一元運算子，可以將條件式的結果變成相反值，例如：假設運算式為 not (a>b)，則運算結果如下表所示：

a > b 的真假值	not（a>b）的運算結果
真	假
假	真

例如：a=7, b=5

則 not (a>b) 的運算結果為 not(True)，結果值為 False。

以下直接由例子來看看邏輯運算子的使用方式：

```
01  a,b,c=5,10,6
02  result = a>b and b>c; #and 運算
03  result = a<b or c!=a; #or 運算
04  result = not result;  # 將 result 的值做 not 運算
```

上面的例子中，第 2、3 行敘述分別以運算子 and、or 結合兩條件式，並將運算後的結果儲存到布林變數 result 中，在這裡由 and 與 or 運算子的運算子優先權較關係運算子 >、<、!= 等來得低，因此運算時會先計算條件式的值，之後再進行 and 或 or 的邏輯運算。

第 4 行敘述則進行 not 邏輯運算，取得變數 result 的反值（True 的反值為 False，False 的反值為 True），並將傳回值重新指派給變數 result，這行敘述執行後的結果會使得變數 result 的值與原來的相反.。

以下程式範例是輸出三個整數與邏輯運算子相互關係的真值表，請各位特別留意運算子間的交互運算規則及優先次序。

範例程式 **relation.py** ▶ 各種比較運算子間的真值表

```
01   a,b,c=3,5,7 #宣告a、b及c三個整數變數
02   print("a= %d b= %d c= %d" %(a,b,c))
03   print("================================")
04   print("a<b and b<c or c<a = %d" %(a<b and b<c or c<a))
05   print("not(a==b)and (not a<b) = %d" %(not(a==b)and (not a<b)))
06   # 包含關係與邏輯運算子的運算式求值
```

執行結果

```
a= 3 b= 5 c= 7
================================
a<b and b<c or c<a = 1
not(a==b)and (not a<b) = 0
```

程式解說

- ◆ 第 1 行：宣告 a、b 及 c 三個整數變數，並設定不同的值。

- ◆ 第 4 行：當連續使用邏輯運算子時，它的計算順序為由左至右，也就是先計算「a<b and b<c」，然後再將結果與「c<a」進行 or 的運算。

- ◆ 第 5 行：則由括號內先進行，再由左而右依序進行。

3-5 運算子的優先權

當我們遇到有一個以上運算子的運算式時，首先區分出運算子與運算元。接下來就依照運算子的優先順序作整理動作，當然也可利用「()」括號來改變優先順序。最後由左至右考慮到運算子的結合性（associativity），也就是遇到相同優先等級的運算子會由最左邊的運算元開始處理。以下是 Python 中各種運算子計算的優先順序：

運算子	說明
()	括號
not	邏輯運算 NOT
-	負數
+	正數
*	乘法運算
/	除法運算
%	餘數運算
+	加法運算
-	減法運算
>	比較運算大於
>=	比較運算大於等於
<	比較運算小於
<=	比較運算小於等於
==	比較運算等於
!=	比較運算不等於
and	邏輯運算 and
or	邏輯運算 or
=	指定運算

綜合範例

1. 假設某道路全長 765 公尺，現欲在橋的兩端每 17 公尺插上一支旗子（此範例假設頭尾都插旗子），如果每支旗子需 210 元，請設計一個程式計算共要花費多少元？

共需花費: 19320 元

解答 cost.py

```
01  x=(765/17+1)*2*210;
02  print("共需花費: %d 元 " %x)
```

2. 請設計一程式，輸入任何一個三位數以上的整數，並利用餘數運算子（%）所寫成的運算式來輸出其百位數的數字。例如 3456 則輸出 4，254637 則輸出 6。

```
請輸入三位數以上整數： 3456
百位數的數字為4
```

解答 mod.py

```
01  print(" 請輸入三位數以上整數： ", end="")
02  num=int(input())
03  num=(num/100)%10;
04  print(" 百位數的數字為 %d" %num)
```

3. 請設計一程式，能夠讓使用者輸入準備兌換的金額，並能輸出所能兌換的百元、50 元紙鈔與 10 元硬幣的數量。

```
請輸入將兌換金額： 56890
百元鈔有568張 五十元鈔有1張 十元鈔有4張
```

解答 coin.py

```
01  print(" 請輸入將兌換金額： ",end="")
02  num=int(input())
03  hundred=num//100
04  fifty=(num-hundred*100)//50
05  ten=(num-hundred*100-fifty*50)//10
06  print(" 百元鈔有 %d 張 五十元鈔有 %d 張 十元鈔有 %d 張 " %(hundred,fifty,ten))
```

★ 課 後 評 量

一、選擇題

1. (　) 下列哪一個運算子可以用來改變運算子原先的優先順序？

　　　(A) () 　　　　　　(B) '' 　　　　　　(C) "" 　　　　　　(D) #

2. (　) 下列何者運算子的優先順序最高？

　　　(A) == 　　　　　　(B) % 　　　　　　(C) / 　　　　　　(D) not

3. (　) 13%3 的值為何？

　　　(A) 1 　　　　　　(B) 2 　　　　　　(C) 3 　　　　　　(D)4

4. (　) 6 !=8 結果值為何？

　　　(A) true 　　　　　(B) false 　　　　　(C) True 　　　　　(D) False

5. (　) a =8;b =5;c =3，請問經過 a += c 運算後 a 的結果值為何？

　　　(A) 11 　　　　　　(B) 10 　　　　　　(C) 9 　　　　　　(D) 8

二、問答與實作題

1. 指定運算子左右側的運算元使用上有要注意的地方，請舉例一種不合法的指定方式？

2. 處理一個多運算子的運算式時，有哪些規則與步驟是必須要遵守？

3. 請依運算子優先順序試算下列程式的輸出結果？

```
a = 18
b = 3
c = 6*(24/a + (5+a)/b)
print("6*(24/a + (5+a)/b)=", c)
```

4. 請寫出下列程式的輸出結果？

```
x= 25
y = 78
print(x> y and x == y)
```

Chapter

4

結構化程式設計與
條件控制指令

　　結構化程式設計（Structured Programming）主要精神與模式就是將整個問題從上而下，由大到小逐步分解成較小的單元，這些單元稱為模組（module）。

　　除了模組化設計，「結構化程式設計」的特色，還包括三種流程控制結構：「循序結構」、「選擇結構」以及「重複結構」。在本章中我們將先針對「選擇結構」的條件控制指令來做說明：

流程結構名稱	概念示意圖
[循序結構] 一個程式指令由上而下接著一個程式指令，沒有任何轉折的執行。	
[選擇結構] 依某些條件做邏輯判斷。	

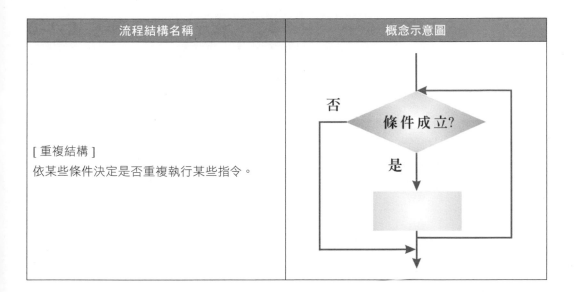

流程結構名稱	概念示意圖
[重複結構] 依某些條件決定是否重複執行某些指令。	

4-1 認識程式區塊及縮排

　　程式區塊可以被看作是一個最基本的程式指令區，使用上就像一般的程式指令，而它也是循序結構中的最基本單元。大部分語言如 C、C++、Java 都是以 {} 來將多個指令包圍起來，表示程式區塊，格式如下所示：

```
{
    程式指令；
    程式指令；
    程式指令；
}
```

　　不過 python 中的程式區塊，主要是透過冒號（:）及「縮排」來表示與劃分，Python 程式碼裡的縮排對程式執行結果有重大的影響，也因此 Python 對於縮排是非常嚴謹的，因此程式碼不能任意縮排，同一區塊的程式碼必須使用相同的空格數進行縮排，否則就會出現錯誤。

各位在縮排可以使用空白鍵或 Tab 鍵產生空格，建議以 4 個空格進行縮排，在 Python 編輯工具中按一下「Tab」鍵預設就是 4 個空格，在本書中我們是以 4 個空格作為縮排，例如 if/else 指令冒號（:）的下一行程式必須縮排，例如：

```
height = 190
if height > 180:
    print(" 非常高 ")          if 區塊
else:
    print(" 身高還可以 ")      else 區塊
```

Tips

 縮排不能混用 Tab 及空白鍵。

請注意！同一程式區塊避免空白鍵或 Tab 鍵交互混用。

4-2 條件控制指令

條件控制指令包含有一個條件判斷式，如果條件為真，則執行某些程式，一旦條件為假，則執行另一些程式。如下圖所示：

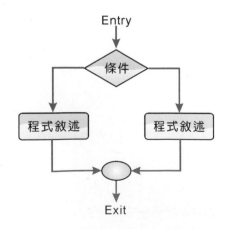

4-2-1 if 條件指令

if 條件指令的作用是判斷條件式是否成立,語法如下:

```
if 條件判斷式:
    # 如果條件成立,就執行這裡面的敘述
```

例如說,您要撰寫一段決定星期三才要穿藍色小花的衣服,而星期四穿白色 T 恤的程式,您就需要用到 Python 中的 if 敘述條件式來協助您達到目的。所以,當您想撰寫一段用來決定要穿什麼樣式衣服的程式時,在您腦中就會呈現要依據的分類條件是什麼?原來就是星期幾;如此一來我們以程式的語言來描述就成了:

```
01  day=4
02  if day==3:
03      print(" 穿藍色小花衣服 ")
04  if day==4:
05      print(" 穿白色 T 恤 ")
```

在 if 敘述下執行多行程式的程式區塊,此時就必須依照前面介紹的語法以縮排來表示指令。但如果是單行程式敘述時,可以直接寫在 if 敘述後面即可。接著我們就以下面的兩個例子來說明:

例子 1:請標示出縮排在單行與多行的不同之處

```
01  # 單行敘述
02  if test_score>=60: print("You Pass!")
```

例子 2:

```
01  /# 多行敘述
02  if test_score>=60:
03      print("You Pass!")
04      print("Your score is %d" %test_score)
```

以下程式範例是某一百貨公司準備年終回饋顧客，請使用 if 指令來設計，只要所輸入的消費額滿 2000 元即贈送來店禮。

範例程式 shop.py ▶ 消費滿額贈送來店禮

```
01  print(" 請輸入總消費金額：",end="")
02  charge=int(input())
03  # 如果消費金額大於等於 2000
04  if charge>=2000: print(" 請到 10F 領取周年慶禮品 ")
```

執行結果

```
請輸入總消費金額：2500
請到10F領取周年慶禮品
```

程式解說

◆ 第 2 行：使用 input() 函數來輸入消費金額。

◆ 第 4 行：使用 if 指令來執行判斷式，如果消費金額大於等於 2000 則執行後面的輸出指令。

如果想在其他情況下再執行其他動作，也可以使用重複的 if 指令來加以判斷。以下程式中使用了兩個 if 指令，可以讓使用者輸入一個數值，並可由所輸入的數字去選擇計算立方值或平方值：

```
a=5
select=input()
if select=='1':  # 第一個 if 指令
    ans=a*a    # 計算 a 平方值指定給變數 ans
    print(" 平方值為：%d" %ans)

if select=='2':  # 第二個 if 指令
    ans=a*a*a    # 計算 a 立方值指定給變數 ans
    print(" 立方值為：%d" %ans)  # 顯示立方值
```

接著請設計一支程式，已經有一個樂透號碼，讓使用者輸入任意一個整數，如果猜對了則結束程式，不對則列出猜錯了字樣。

範例程式 **lotto.py** ▶ 猜樂透號碼

```
01  Result=77 # 儲存答案
02  print(" 猜猜今晚樂透號碼 (2 位數): ",end="")
03  Select=int(input())
04  if Select!=Result:
05      print(" 猜錯了....")
06      print(" 答案是 %d" %Result)
```

執行結果

```
猜猜今晚樂透號碼(2位數): 58
猜錯了....
答案是77
```

程式解說

◆ 第 3 行：使用 input() 函數來輸入 2 位數的樂透號碼，請注意要將所輸入的字串以 int() 函數強制轉換為整數數值。

◆ 第 4 ～ 6 行：使用 if 指令來執行判斷式，如果沒有猜對號碼則將正確的樂透號碼答案公布。

4-2-2 if else 條件指令

if else 條件指令可以讓條件控制的程式碼可讀性更高，提供了兩種不同的選擇，當 if 的判斷條件（Condition）成立時（傳回 1），將執行 if 程式指令區內的程式；否則執行 else 程式指令區內的程式後結束 if 指令。語法如下：

```
if 條件判斷式：
    # 如果條件成立，就執行這裡面的指令
else：
    # 如果條件不成立，就執行這裡面的指令
```

例如：

```
if score>=60：
    # 如果分數大於或等於 60 分，就執行這裡面的敘述
else：
    # 如果分數小於 60 分，就執行這裡面的敘述
```

另外，Python 提供一種更簡潔的 if...else 條件表達式（Conditional Expressions），格式如下：

```
X if C else Y
```

根據條件式傳回兩個運算式的其中一個，上式當 C 為真時傳回 X，否則傳回 Y。例如判斷整數 X 是奇數或偶數，原本程式會這樣表示：

```
if (x % 5)==0:
    y="5 的倍數 "
else:
    y=" 不為 5 的倍數 "
print('{0}'.format(y))
```

改成表達運算式只要簡單一行程式就能達到同樣的目的，如下行：

```
print('{0}'.format("5 的倍數 " if (X % 5 )==0 else " 不為 5 的倍數 "))
```

當 if 判斷式為真就傳回「5 的倍數」，否則就傳回「不為 5 的倍數」。

範例程式 **exam.py ▶ if-else 條件判斷式的應用範例**

```
01   # 定義整數變數 Score，儲存學生成績
02   Score=int(input(" 輸入學生的分數 :"))
03   if Score>=60: #if 條件敘述
04       print(" 得到 %d 分，還不錯唷 ..." %Score)
05   else:
06       print(" 不太理想喔 ...，只考了 %d 分 " %Score)
```

執行結果

```
輸入學生的分數:86
得到 86 分，還不錯唷...
```

程式解說

◆ 第 2 行：變數 Score 是用來儲存學生成績。

◆ 第 3 ～ 6 行：藉由 if…else 條件敘述的條件判斷式（Scroe >= 60），對於 60 分以上（條件成立）顯示鼓勵的訊息，其他低於 60 分（條件不成立）的成績則顯示不理想的訊息。

以下程式範例就是利用 if else 指令讓使用者輸入一整數，並判斷是否為 2 或 3 的倍數，不過卻不能為 6 的倍數。

範例程式 **six.py ▶ 判斷是否為 2 或 3 的倍數，不過卻不能為 6 的倍數**

```
01   value=int(input(" 請任意輸入一個整數："))
02   if value%2==0 or value%3==0: # 判斷是否為 2 或 3 的倍數
03       if value%6!=0:
04           print(" 符合所要的條件 ")
05       else:
06           print(" 不符合所要的條件 ")  # 為 6 的倍數
07   else:
08       print(" 不符合所要的條件 ")
```

執行結果

```
請任意輸入一個整數：14
符合所要的條件
```

程式解說

◆ 第 1 行：請任意輸入一個整數。

◆ 第 2 行：利用 if 指令判斷是否為 2 或 3 的倍數，與第 7 行的 else 指令為一組。

◆ 第 3 ～ 6 行：則是另一組 if else 指令，用來判斷是否為 6 的倍數。

4-2-3 if...elif...else 指令

如果條件判斷式不只一個，就可以再加上 elif 條件式，elif 就像是「else if」的縮寫，它是一種多選一的條件指令，讓使用者在 if 指令和 elif 中選擇符合條件運算式的程式指令區塊，如果以上條件運算式都不符合，就會執行最後的 else 指令。語法格式如下：

```
if 條件運算式 1：

        程式敘述區塊 1

elif 條件運算式 2：

        程式敘述區塊 2
........
elif 條件運算式 3：

        程式敘述區塊 3
........
else:

    程式敘述區塊 n
```

以下程式範例將透過實際範例來練習 if...else 指令的用法。範例題目是製作一個簡易的閏年判斷程式，讓使用者輸入西元年（4 位數的整數 year），判斷是否為閏年。滿足下列兩個條件之一即是閏年：

```
I.  逢 4 年閏（除 4 可整除）但逢 100 年不閏（除 100 不可整除）
II. 逢 400 年閏（除 400 可整除）
```

範例程式 **leapYear.py** ▶ 閏年判斷

```
01  year = int(input(" 請輸入西元年份："))
02
03  if (year % 4 == 0 and year % 100 != 0) or (year % 400 == 0):
04      print("%d 是閏年 " %year)
05  else :
06      print("%d 是平年 " %year)
```

執行結果

```
請輸入西元年份：2020
2020 是閏年
```

程式解說

◆ 第 1 行：輸入一個西元年份，但記得要利用 int() 函數將其轉換成整數型別。

◆ 第 3 ～ 6 行：判斷是否為閏年，條件 1. 逢 4 閏（除 4 可整除）而且逢 100 不閏（除 100 不可整除），條件 2. 逢 400 閏（除 400 可整除），滿足兩個條件之一即是閏年。

4-2-4 巢狀 if 條件指令

在判斷條件複雜的情形下，有時會出現 if 條件敘述所包含的複合敘述中，又有另外一層的 if 條件敘述。這樣多層的選擇結構，就稱作巢狀（nested）if 條件敘述。使用格式與流程圖如下所示：

```
if 條件判斷式 1:
    if 條件判斷式 2:
        程式區塊 1
    else:
        程式區塊 2
else:
    if 條件判斷式 3:
        程式區塊 3
    else:
        程式區塊 4
```

巢狀 if 條件敘述並沒有使用層數的限制，使用者可以根據程式的需求，增加巢狀的層數。但是在撰寫程式碼時，要特別注意程式區塊的縮排，以免造成程式語法錯誤，或是執行出不是原先預期的執行結果。

以下這個成績判斷程式，使用巢狀 if 條件敘述的形式，對於輸入的分數超出 0 到 100 分的範圍時，顯示輸入不符的訊息。

範例程式 **nestif.py** ▶ 巢狀 if 條件

```
01  Score=int(input(" 輸入學生的分數 :"))  # 輸入學生成績
02  if Score > 100:        # 判斷是否超過
03      print(" 輸入的分數超過 100.")
04  else:
05      if Score<0:  # 判斷是否低於 0
06          print(" 怎麼會有負的分數 ??")
07      else:
08          if Score >= 60:  # 判斷是否及格
09              print(" 得到 {} 分，還不錯唷 ...".format(Score))
10          else:
11              print(" 不太理想喔 ...，只考了 {} 分 ".format(Score))
```

不同情況的執行結果：

```
輸入學生的分數:102
輸入的分數超過 100.
```

```
輸入學生的分數:-6
怎麼會有負的分數??
```

```
輸入學生的分數:64
得到 64分, 還不錯唷...
```

```
輸入學生的分數:48
不太理想喔..., 只考了 48 分
```

程式解說

◆ 第 1 行：定義整數變數 Score，用來儲存學生成績。

◆ 第 2 ～ 11 行：使用巢狀 if 條件敘述，輸入分數超過限定值範圍時（0-100），會顯示輸入錯誤訊息。只有輸入分數在限定值之內時，程式才會執行第 8 ～ 11 行，並依成績是否及格來顯示相關提示的訊息。

事實上，使用巢狀 if 條件敘述時，如果遇到 if 的指令比較多，必須特別注意不同層次縮排的對齊。例如以下這個求 3 與 7 的公倍數程式：

```
if number % 3 == 0:
    if number % 7 == 0:
        print("{}是3與7的公倍數".format(number))
else:
    print("{}不是3的倍數".format(number))
```

如果程式中所使用到的 if 與 else 縮排的位置沒有正確配對，例如將上述程式修改成如下的縮排方式：

```
if number % 3 == 0:
    if number % 7 == 0:
        print("{}是3與7的公倍數".format(number))
else:
        print("{}不是3的倍數".format(number))
```

　　這樣的程式碼沒有語法錯誤，也可以編譯執行，但卻造成邏輯上的錯誤。例如當 number 的值是 12 時，可以被 3 整除，於是執行下一層的 if 條件敘述，條件判斷不成立（12 無法被 7 整除），執行輸出 " 12 不是 3 的倍數 "，這樣的執行結果當然是錯的，所以每個 if-elif-else 指令使用時，一定要注意正確的縮排位置，否則就有可能造成程式執行的錯誤。

綜合範例

請設計一程式，利用 if-elif-else 來完成簡單的計算機功能。例如只要由使用者輸入兩個數字，再鍵入 +、-、*、/ 任一鍵就可以進行運算。

```
請輸入a:8
請輸入b:2
請輸入+,-,*,/鍵: /
8.0 / 2.0 = 4.0
```

解答 caculator.py

```
01  a=float(input(" 請輸入 a:"))
02  b=float(input(" 請輸入 b:"))
03  op_key=input(" 請輸入 +,-,*,/ 鍵：") # 輸入字元並存入變數 op_key
04  if op_key=='+': # 如果 op_key 等於 '+'
05      print("{} {} {} = {}".format(a, op_key, b, a+b))
06  elif op_key=='-': # 如果 op_key 等於 '-'
07      print("{} {} {} = {}".format(a, op_key, b, a-b))
08  elif op_key=='*': # 如果 op_key 等於 '*'
09      print("{} {} {} = {}".format(a, op_key, b, a*b))
10  elif op_key=='/': # 如果 op_key 等於 '/'
11      print("{} {} {} = {}".format(a, op_key, b, a/b))
12  else: # 如果 op_key 不等於 + - * / 任何一個
13      print(" 運算式有誤 ")
```

課後評量

一、選擇題

1. （　）三種流程控制結構不包括？

(A) 循序結構 　　　　　　　　(B) 選擇結構

(C) 重複結構 　　　　　　　　(D) Goto 結構

2. （　）下列關於 Python 程式區塊的描述何者有誤？

(A) 主要是透過冒號（:）及「縮排」來表示與劃分

(B) 同一區塊的程式碼必須使用相同的空格數進行縮排

(C) 符合條件需要執行的程式碼區塊內的所有程式指令，都必須縮排

(D) 同一程式區塊可以空白鍵或 Tab 鍵交互混用

3. （　）下列關於 Python 條件敘述的描述何者有誤？

(A) 如果遇到 if 的指令比較多，無須特別注意不同層次縮排的對齊。

(B) 如果條件判斷式不只一個，就可以再加上 elif 條件式

(C) if 條件敘述所包含的複合敘述中可以有另外一層的 if 條件敘述

(D) 在 if 敘述下執行單行程式敘述時，可以直接寫在 if 敘述後面即可

二、問答與實作題

1. 結構化程式設計包括哪三種流程控制結構？

2. 試說明 Python 程式區塊和大部分語言如 C、C++、Java 的程式區塊表示方式有何不同？

3. 以下程式請改成表達運算式只要簡單一行程式就能達到同樣的目的？

```
if (x % 2)==0:
    y=" 偶數 "
else:
    y=" 奇數 "
print('{0}'.format(y))
```

4. 請設計一程式讓使用者輸入一整數，並判斷是否為 5 或 7 的倍數，不過卻不能為 35 的倍數。

5. 請寫出下列程式的輸出結果？

```
number=42
if number % 3 == 0:
    if number % 7 == 0:
        print("{}是 3 與 7 的公倍數 ".format(number))
else:
    print("{} 不是 3 的倍數 ".format(number))
```

Chapter

5

迴圈結構

迴圈結構（loop）會重複執行一個程式區塊的程式碼，例如想要讓電腦計算出 1+2+3+4..100 的值，這時只需要利用迴圈結構就可以輕鬆達成。在 Python 中，提供了 for、while 兩種迴圈指令來達成重複結構的效果。

5-1　for 迴圈

for 迴圈又稱為計數迴圈，可以重複執行固定次數的迴圈，在大部分程式語言中（如 C/C++/Java 等），for 迴圈必須事先指定迴圈控制變數的起始值、條件以及控制變數的增減值，以決定迴圈重複的次數。

5-1-1　認識 range 函數

for 迴圈最常使用整數序列來控制迴圈要執行的次數，而 range() 函數的功能就是在建立整數序列。range() 函數格式依其參數的數目可以有以下幾種用法：

🔑 1 個參數

當 range() 函數只有一個參數時，其語法如下：

```
數列變數 =range ( 整數 )
```

上述語法會產生的數列是 0 到「整數 -1」的數列，例如：

```
num1=range(10)        # 會產生整數數列 0,1,2,3,4,5,6,7,8,9
```

如果各位試著將所產生的數列以 list() 函數轉換為串列（list），並將其印出，就可以看出所產生的數列結果：

👉 2 個參數

當 range() 函數有兩個參數時，其語法如下：

```
數列變數 =range ( 起始值 ， 停止條件 )
```

上述語法會產生的數列是起始值到「停止條件 -1」的數列，例如：

```
num2=range(1,5)      # 會產生整數數列 1, 2, 3, 4
```

其中起始值及停止條件的整數值也可以是負數，例如：

```
num3=range(-3,2)     # 會產生整數數列 -3, -2, -1, 0, 1
```

當停止條件的值小於或等於起始值，則會產生空串列。

👉 3 個參數

當 range() 函數有三個參數時，其語法如下：

```
數列變數 =range ( 起始值 ， 停止條件 ， 增減值 )
```

上述語法會產生的數列是起始值，每次會加上增減值，直到「停止條件 -1」為止的數列，例如：

```
num5=range(1,5,1)        # 會產生整數數列 1, 2, 3, 4
num6=range(1,10,2)       # 會產生整數數列 1, 3, 5, 7, 9
num7=range(10,1,-2)      # 會產生整數數列 10, 8, 6, 4, 2
```

5-1-2 for 迴圈語法

接著我們來介紹 for 迴圈與序列結合的語法架構：

```
for 元素變數 in 序列項目 :
    # 執行的敘述
```

例如以下是依字串，字串「hello」經過 for/in 迴圈的讀取之後，會以字元一個接一個來輸出。

```
word='hello'
for letter in word:
    print(letter)
```

執行結果

```
h
e
l
l
o
```

例如以下是一數字串列，利用 for 迴圈將數字 print 出來：

```
x = [11, 22, 33, 44, 55]
for i in x:
    print (i)
```

執行結果

```
11
22
33
44
55
```

例如：

```
for i in range(2, 11, 2):
    print(i)
```

執行結果

```
2
4
6
8
10
```

以下是使用 for 迴圈與 range() 函數來計算 1 加到 100 的程式碼：sum.py

```
total=0
for count in range(1, 101): # 數值 1～100
    total += count # 將數值累加
print(" 數字 1 累加到 100 的總和 =",total)
```

執行結果

數字1累加到100的總和= 5050

又例如將數值 1 ～ 100 之間的奇數累計：odd.py

```
total=0
for count in range(1, 100, 2):
    total += count # 將數值累加
print(" 數值 1～100 之間的奇數累計 =",total)
```

執行結果

數值1~100之間的奇數累計= 2500

執行 for 迴圈時，如果想要知道元素的索引值，可以使用 Python 內建的 enumerate 函數。語法如下：

```
for 索引值，元素變數 in enumerate( 序列項目 )：
```

例如：enum.py

```
phrase = [" 三陽開泰 ", " 事事如意 ", " 五福臨門 "]
for index, x in enumerate(phrase):
    print ("{0}--{1}".format(index, x))
```

執行結果

```
0--三陽開泰
1--事事如意
2--五福臨門
```

以下程式範例是利用 for 迴圈來設計一程式，可輸入小於 100 的整數 n，並計算以下式子的總和：

```
1*1+2*2+3*3+4*4+…+(n-1)*(n-1)+n*n
```

範例程式 equation.py ▶ 計算 **1*1+2*2+3*3+4*4+…+(n-1)*(n-1)+n*n**

```
01  total=0
02  n=int(input("請輸入任一整數:"))
03  if n>=1 or n<=100:
04      for i in range(n+1):
05          total+=i*i   #1*1+2*2+3*3+..n*n
06      print("1*1+2*2+3*3+...+%d*%d=%d" %(n,n,total))
07  else:
08      print("輸入數字超出範圍了!")
```

執行結果

```
請輸入任一整數:10
1*1+2*2+3*3+...+10*10=385
```

程式解說

◆ 第 1 行：設定 total 變數值為 0。

◆ 第 3 行：如果所輸入的值在 1～100 間，則執行 4～6 行的指令。

◆ 第 4 行：使用 for 迴圈來控制設定了變數 i 的起始值為 1，迴圈重複條件為 i 小於等於 n，i 的遞增值為 1，只要當 i 大於 n 時，就會離開 for 迴圈。

◆ 第 8 行：最後輸出計算後的結果。

請設計一 Python 程式，讓使用者能輸入任意數目之數字，並利用 for 迴圈來控制要輸入的數字個數，並且邊輸入與邊尋找這些數字中的最大值。

範例程式 **max.py** ▶ 尋找數字中的最大值

```
01  MAX= 0
02  num=int(input("準備輸入數字的個數："))
03  for i in range(num): #利用for迴圈來輸入與尋找最大值
04      print(">",end="")
05      temp=int(input())
06      if MAX<temp:
07          MAX=temp
08  print("這些數字中的最大值為：%d" %MAX)
```

執行結果

```
準備輸入數字的個數：10
>9
>2
>1
>8
>52
>36
>47
>61
>29
>102
這些數字中的最大值為：102
```

5-1-3 巢狀迴圈

　　所謂巢狀 for 迴圈，就是多層式的 for 迴圈架構，也就 for 迴圈內還可以包括另外一個 for 迴圈。在巢狀 for 迴圈結構中，執行流程必須先將內層迴圈執行完畢，才會繼續執行外層迴圈。巢狀 for 迴圈語法格式如下：

```
for 元素變數 in 序列項目：
    #執行的敘述
    for 元素變數 in 序列項目：
        #執行的敘述
```

範例程式 **table.py** ▶ 九九乘法表

```
01  for x in range(1, 10):
02      for y in range(1, 10):
03          print("{0}*{1}={2: ^2}".format(y, x, x * y), end=" ")
04      print()
```

執行結果

```
1*1=1   2*1=2   3*1=3   4*1=4   5*1=5   6*1=6   7*1=7   8*1=8   9*1=9
1*2=2   2*2=4   3*2=6   4*2=8   5*2=10  6*2=12  7*2=14  8*2=16  9*2=18
1*3=3   2*3=6   3*3=9   4*3=12  5*3=15  6*3=18  7*3=21  8*3=24  9*3=27
1*4=4   2*4=8   3*4=12  4*4=16  5*4=20  6*4=24  7*4=28  8*4=32  9*4=36
1*5=5   2*5=10  3*5=15  4*5=20  5*5=25  6*5=30  7*5=35  8*5=40  9*5=45
1*6=6   2*6=12  3*6=18  4*6=24  5*6=30  6*6=36  7*6=42  8*6=48  9*6=54
1*7=7   2*7=14  3*7=21  4*7=28  5*7=35  6*7=42  7*7=49  8*7=56  9*7=63
1*8=8   2*8=16  3*8=24  4*8=32  5*8=40  6*8=48  7*8=56  8*8=64  9*8=72
1*9=9   2*9=18  3*9=27  4*9=36  5*9=45  6*9=54  7*9=63  8*9=72  9*9=81
```

接著請利用巢狀 for 迴圈來設計一程式，.輸入整數 n，求出 1!+2!+...+n! 的和。如下所示：

```
1!+2!+3!+4!+….+n-1!+n!
```

範例程式 **fac.py** ▶ 求出 1!+2!+...+n! 的和

```
01  total=0
02  n1=1
03  n=int(input(" 請輸入任一整數 :"))
04  for i in range(1,n+1):
05      for j in range(1,i+1):
06          n1*=j #n! 的值
07      total+=n1 #1!+2!+3!+..n!
08      n1=1
09  print("1!+2!+3!+...+%d!=%d" %(n,total))
```

執行結果

```
請輸入任一整數:5
1!+2!+3!+...+5!=153
```

5-2 while 迴圈

　　while 迴圈與 for 迴圈類似，都是屬於前測試型迴圈。也就是先測試條件式是否成立，如果成立時才會執行迴圈內的敘述。最大不同的是在於 for 迴圈需要給它一個特定的次數；而 while 迴圈則不需要，它只要在判斷的條件為 true 的情況下就能一直執行。while 迴圈內的指令可以是一個指令或是多個指令形成的程式區塊。格式如下。

```
while 條件判斷式：
    # 如果條件判斷式成立，就執行這裡面的敘述
```

　　例如用一個簡例來說明 while 迴圈的運作：while.py

```
x, y = 1, 10
while x < y:
    print(x, end = ' ')
    x += 1
```

執行結果

```
1 2 3 4 5 6 7 8 9
```

　　請設計一程式，利用 while 迴圈來求出使用者所輸入整數的所有正因數。

範例程式 **common.py** ▶ 整數的所有正因數

```
01  a=1
02  n=int(input("請輸入一個數字："))
03  print("%d 的所有因數為:" %n,end="")
04  while a<=n: #定義 while 迴圈，且設定條件為 a<=n
05      if n%a==0: #當 n 能夠被 a 整除時～則 a 就是 n 的因數
```

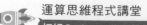
```
06          print("%d " %a,end="")
07          if n!=a: print(",",end="")
08     a+=1 #a 值遞增 1
```

執行結果

```
請輸入一個數字: 24
24 的所有因數為:1 ,2 ,3 ,4 ,6 ,8 ,12 ,24
```

　　請設計一程式使用 while 迴圈，讓使用者輸入一個整數，並將此整數的每一個數字反向輸出，例如輸入 12345，這是程式可輸出 54321。

範例程式 **rev.py** ▶ 求出 1!+2!+...+n! 的和

```
01  n=int(input(" 請輸入任一整數 :"))
02  print(" 反向輸出的結果 :",end="")
03  while n!=0:
04      print("%d" %(n%10),end="")  # 求出餘數值
05      n//=10
06  print()
```

執行結果

```
請輸入任一整數:123456789
反向輸出的結果:987654321
```

5-3 迴圈控制指令

　　使用迴圈時，在某些情形需要以 break 敘述來離開迴圈；continue 敘述會中斷此次敘述，回到上一層迴圈繼續執行。

5-3-1 break 指令

break 指令可以用來跳離迴圈的執行，通常在 for、while 迴圈中，主要用於中斷目前的迴圈執行，會搭配 if 敘述判斷離開迴圈的時機，並將控制權交給所在區塊之外的下一行程式。語法格式如下：

```
break
```

以下程式範例中我們先設定要存放累加的總數 sum 為 0，再將每執行完一次迴圈後將 i 變數（i 的初值為 1）累加 2，執行 1+3+5+7+...99 的和。直到 i 等於 101 後，就利用 break 的特性來強制中斷 for 迴圈。

範例程式 **break.py** ▶ 利用 **break** 的特性來強制中斷 **for** 迴圈

```
01  total=0
02  for i in range(1,201,2):
03      if i==101:
04          break
05      total+=i
06  print("1～99的奇數總和:%d" %total)
```

執行結果

```
1~99的奇數總和:2500
```

程式解說

- ◆ 第 2 ～ 5 行：執行 for 迴圈，並設定 i 的值在 1 ～ 200 之間。
- ◆ 第 3 行：判斷當 i=101 時，則執行 break 指令，立刻跳出迴圈。
- ◆ 第 6 行：最後輸出 total 的值。

此外，當遇到巢狀迴圈時，break 敘述只會跳離最近的一層迴圈，請看下面的範例程式。

範例程式 **innerbreak.py** ▶ 利用 **break** 的特性來強制中斷 **for** 迴圈

```
01  for a in range(1,6): #外層 for 迴圈控制
02      for b in range(1,a+1): #內層 for 迴圈控制
03          if b==4:
04              break
05          print(b,end="")  #印出 b 的值
06      print()
```

執行結果

```
1
12
123
123
123
```

程式解說

◆ 第 3 行：if 敘述在 b 的值大於 4 時就會執行 break 敘述，並跳出最近的 for
  迴圈到第 6 行來繼續執行。

5-3-2 continue 指令

相較於 break 指令跳出迴圈，continue 指令則是指繼續下一次迴圈的運
作。也就是說，如果想要終止的不是整個迴圈，而是跳過目前的敘述，讓迴圈
條件運算繼續下一個迴圈的執行。語法格式如下：

```
continue
```

例如：

```
for x in range(1, 10):
    if x == 5:
        continue
    print( x, end=" ")
```

執行結果

```
1 2 3 4 6 7 8 9
```

綜合範例

1. 已知有一公式如下，請設計一程式利用 for 迴圈可輸入 k 值，求 π 的近似值：

$$\frac{\pi}{4} = \sum_{n=0}^{k} \frac{(-1)^n}{2n+1}$$

其中 k 的值越大，π 的近似值越精確，本程式中限定只能使用 for 迴圈。

```
請輸入k值：2000
PI = 3.142092
```

解答 sigma.py

```
01  k=int(input("請輸入k值："))
02  sigma=0
03  for n in range(int(k)+1):
04      if(n % 2!=0): # 如果 n 是奇數
05          sigma += float(-1/(2*n+1))
06      else:   # 如果 n 是偶數
07          sigma += float(1/(2*n+1))
08  print("PI = %f" %(sigma*4))
```

2. 請設計一程式，可讓使用者輸入一正整數 n，並輸出 2 到 n 之間所有的質數（prime number），設計本程式時要求必須同時使用 for 及 while 迴圈。

```
請輸入n的值，n表示2~n之間的所有質數：12
2
3
5
7
11
```

解答 prime.py

```
01   n=int(input(" 請輸入 n 的值 ,n 表示 2 ～ n 之間的所有質數 :"))
02   i=2;
03   while i<=n:
04       no_prime=0
05       for j in range(2,i,1):
06           if i%j==0:
07               no_prime=1
08               break    # 跳出迴圈
09       if no_prime==0:
10           print("%d " %i); # 輸出質數
11       i+=1
```

3. 以下程式範例利用輾轉相除法與 while 迴圈來設計一 Python 程式，以求取
    任意輸入兩正整數的最大公因數（g.c.d）。

```
求取兩正整數的最大公因數 (g.c.d):
輸入兩個正整數 :
24
60
最大公因數 (g.c.d) 的值為 :12
```

解答 divide.py

```
01   print(" 求取兩正整數的最大公因數 (g.c.d):")
02   print(" 輸入兩個正整數 :")
03   # 輸入兩數
04   Num1=int(input())
05   Num2=int(input())
06   if Num1 < Num2:
07       TmpNum=Num1
08       Num1=Num2
09       Num2=TmpNum# 找出兩數較大值
10   while Num2 != 0:
11       TmpNum=Num1 % Num2
12       Num1=Num2
13       Num2=TmpNum # 輾轉相除法
14   print(" 最大公因數 (g.c.d) 的值為 :%d" %Num1)
```

★ 課後評量

一、選擇題

1. （　　）下列有關 for 迴圈的描述何者不正確？

    (A) 又稱為計數迴圈

    (B) 必須事先指定迴圈控制變數的起始值

    (C) 必須有控制變數的增減值，以決定迴圈重複的次數

    (D) 事先無法得知迴圈次數，必須滿足特定條件，才能進入迴圈

2. （　　）試寫出 num2=range(1,5) 所產生的序列。

    (A) 會產生整數數列 1, 2, 3, 4, 5　　(B) 會產生整數數列 1, 2, 3

    (C) 會產生整數數列 2, 3, 4　　(D) 會產生整數數列 1, 2, 3, 4

3. （　　）試寫出 num3=range(-3,4) 所產生的序列。

    (A) 會產生整數數列 -1, 0, 1, 2　　(B) 會產生整數數列 -1, 0, 1, 2 ,3

    (C) 會產生整數數列 -2, -1, 0, 1, 2　　(D) 會產生整數數列 -3, -2, -1, 0, 1, 2 ,3

4. （　　）下列哪一個功能會產生整數數列 10, 8, 6, 4, 2

    (A) range(11,0,-2)　　(B) range(11,1,-2)

    (C) range(10,1,-2)　　(D) range(1,10,2)

5. （　　）下列有關 while 迴圈的描述何者不正確？

    (A) 屬於前測試型迴圈

    (B) while 迴圈需要給它一個特定的次數

    (C) 在判斷的條件為 True 的情況下就能一直執行

    (D) break 指令可以用來跳離迴圈的執行

二、問答與實作題

1. 試比較 for 迴圈指令及 while 迴圈指令使用上特性的不同。

2. 請設計一 Python 程式，讓使用者能輸入任意數目小於 **99999** 之數字，並利用 for 迴圈來控制要輸入的數字個數，並且邊輸入與邊尋找這些數字中的最小值。

3. 請試算下列程式的輸出結果？

```
for a in range(1,4): # 外層 for 迴圈控制
    for b in range(1,a+3): # 內層 for 迴圈控制
        if b==3:
            break
        print(b,end="") # 印出 b 的值
    print()
```

4. 請寫出下列程式的輸出結果？

```
for x in range(1, 12, 2):
    if x == 5:
        continue
    print( x, end=" ")
```

5. 請寫出下列程式的輸出結果？

```
for x in range(1, 12, 2):
    if x == 5:
        break
    print( x, end=" ")
```

Chapter

6

字串、串列、
元組、字典與集合

除了之前提過的基本資料型態，Python 還提供了許多特殊複合資料型別的相關應用，包括字串（string）、tuple 元組、list 串列、dict 字典、集合 set 等，這些複合式資料型態的組成元素可以有不同的資料型態。

6-1 再談字串（string）

在 Python 語言中使用單引號或雙引號皆可用來表示字串資料型態，正因為單雙引號皆能使用，我們也可將單引號包含在雙引號中：

```
print(" '我是字串' ")
```

又或者將雙引號包含在單引號中：

```
print(' "我是字串" ')
```

6-1-1 字串建立

在 Python 使用某種資料型態變數時，只需直接指定其值給變數，即會自動依照該值去判斷該變數的資料類型。例如以下的 steText 變數就是一種字串的資料型態。

```
strText = " 我是字串 "
```

如果字串長度過長以導致閱讀性降低，此時則可藉由換行來改善長度過長所導致的問題。可使用三個單引號或雙引號來將字串框住，如下所示：

```
strText = """ 我是一串很長很長很長很長的字串
          我是一串很長很長很長很長的字串 """
```

6-1-2　字串輸出格式化

針對字串輸出的部分，Python 支援字串的格式化，常見的格式化輸出的符號有：

符號	用途
%d / %i	以十進位整數輸出
%s	以 str() 函數輸出文字
%c	輸出字元或 ASCII 碼
%F / %f	以浮點數輸出
%E / %e	以科學記號輸出
%o	以八進位整數輸出
%X / %x	以十六進位整數輸出

其也有輔助符號，常見如下：

符號	用途
*	定義長度或小數點精度
-	用於文字置左對齊
+	用於正數前面顯示加號（亦可用於文字置右對齊）
#	• 八進位前顯示 0o • 十六進位前顯示 0x 或 0X（取決於 x 或 X），其大小寫也會影響 A-F 輸出的大小寫
0	顯示數字前不足位數補 0 而不是預設的空格
%	"%%" 可輸出一個 %
(var)	字典參數
m.n	• m 為總長度（含小數點以及小數點後 n 位，若有帶正負號則包含） • n 為保留小數點後 n 位

上表整理了字串格式符號以及輔助符號，接著可再更深入了解一下其一些用法。

整數（%d/%i）

整數格式化為 %d、%0nd、%nd，其用法如下說明：

- 不足位數補 0，格式為：%0nd。

- 不足位數預設空格，格式為：%nd。

- 小於位數則輸出全部，同基本用法 %d。

    其中 n 為數值總長度且能以 * 替代。

範例程式 **ExInteger.py** ▶ 練習整數格式化

```
01  print("\n 不足數位補 0：%05d\n"%(66))
02
03  print(" 不足數位預設空格：%5d\n"%(66))
04
05  print(" 小於位數則輸出全部：%2d\n"%(666))
06
07  print(" 不足數位補 0 ( 以 * 替代 )：%*d\n"%(5, 66))
```

執行結果

```
不足數位補0：00066

不足數位預設空格：    66

小於位數則輸出全部：666

不足數位補0 (以*替代)：00066
```

程式解說

- ◆ 第 1 行：數值 66 小於指定的總長度則不足的位數以 0 填補。

- ◆ 第 3 行：同第 1 行作用，差別在於前方未有填寫 0 將以預設空格填補不足
    位數。

- 第 5 行：因指定總長度小於數值 666，因此輸出全部，作用如同基本用法 %d。
- 第 7 行：指定總長度以 * 替代，可將 * 理解為 %nd 的 n 的參數。

文字（%s/%c）

- 文字格式化可分為 %s 以及 %c，這兩個格式化皆為輸出文字，差別在於 %s 可輸出字串，簡單來說就是無任何限制輸出接收到的文字。

- %c 則可解釋為字元，一個字串中皆為一個個的字元所組成，這個格式符號只能接收一個字元。而且它也能接收整數（十進位），並依據 ACSII 碼（圖形）顯示其對應字元。

    這邊建議如果無法區分其差異，可將 %s 解釋為字串（string）；%c 為字元（char）。而通常若無特別需求，基本上較為常用 %s。

Tips ACSII 碼

美國資訊交換標準程式碼（American Standard Code for Information Interchange，簡稱 ASCII）為目前電腦中最為廣泛使用的字元集和編碼，其定義了一些字元並可藉由十進位或十六進位甚至是二進位等等操控已處理過的文字，找出對應字元。

範例程式 **ExString.py** ▶ 練習 %s 與 %c 用法

```
01  strName = str(input("\n 郵局："))
02  strCode = str(input(" 郵局代號："))
03  intAount = int(input (" 戶頭："))
04  intMoney = int(input(" 金額："))
05
06  print("\n 郵局：%s" %(strName))
07  print(" 郵局代號為 %s，轉帳戶頭為 %02d" %(strCode, intAount))
08  print(" 匯入金額：%c%.2f" %(36, intMoney))
09
10  if intMoney < 20000:
11      print("%c\n" %(" 成 "))
```

執行結果

```
郵局：臺北西園郵局(臺北3支)
郵局代號：700
戶頭：12345678923432
金額：15000

郵局：臺北西園郵局(臺北3支)
郵局代號為700，轉帳戶頭為12345678923432
匯入金額：$15000.00
成
```

程式解說

◆ 第 1 ～ 4 行：輸入郵局、郵局代號等等資料。

◆ 第 6 行：%s 會以 str() 函數方式輸出 strName 參數值。

◆ 第 7 行：郵局代號輸出 strCode 參數值，以及轉帳戶頭輸出 intAount 參數值並不足位數補 0。

◆ 第 8 行：依據 ACSII 碼，其十進位 36 將輸出 $ 並於金額後面保留小數點後兩位，因 intMoney 參數值為 int，故其顯示 .00。

◆ 第 10 ～ 11 行：判斷是否金額小於 20000，若是，則 %c 輸出一個字元。

十六進位（%x/%X）

十六進位所對應的字元，也可參考 ASCII 碼表，因輸入皆為整數（十進位）再轉換為十六進位後輸出，所以這邊將要對應則是十進位以及十六進位。

範例程式 ExCarry.py ▶ 練習轉換十六進位

```
01  i = 10
02
03  for j in range(5)
04      z = i + j
05      print("小寫：%x\t大寫：%X" %(z, z))
```

執行結果

```
小寫：a   大寫：A
小寫：b   大寫：B
小寫：c   大寫：C
小寫：d   大寫：D
小寫：e   大寫：E
```

程式解說

◆ 第 1 行：宣告變數 i 並指定參數值為 10。

◆ 第 3 ～ 5 行：藉由迴圈將 i 加上 j 取得整數，再依據 ASCII 碼表取得 A-E 大小寫字母並輸出。

浮點數

浮點數格式化為 %0m.nf、%m.nf、%.nf，其用法如下說明：

■ 不足位數補 0，格式為：%0m.nf。

■ 不足位數預設空格，格式為：%m.nf。

■ 針對小數點後 N 位保留，格式為：%.nf。

其 m 或 n 也能以 * 替代。而 m 為數值總長度；n 則僅指小數點後 N 位保留，整數位數則不受任何影響。

範例程式 **ExFloat.py** ▶ 浮點數格式化練習

```
01  print("\n不足數位補 0：%06.2f\n" %(1.2345))
02
03  print(" 不足數位預設空格：%6.2f\n" %(1.2345))
04
05  print(" 小數點保留 2 位：%.2f\n" %(1.2345))
06
07  print(" 不足數位補 0( 以 * 替代 )：%0*.2f\n" %(6, 1.2345))
```

執行結果

```
不足數位補0：001.23
不足數位預設空格：    1.23
小數點保留2位：1.23
不足數位補0(以*替代)：001.23
```

程式解說

- 第 1 行：由於僅保留小數點後 2 位，則其取出後為 1.23，又因不足位數則補 0，故輸出後為 001.23。

- 第 3 行：與第 1 行相似，差別在於不足位數以預設空格取代 0。

- 第 5 行：因只要求小數點後保留 2 位數，故輸出 1.23。

- 第 7 行：與第 1 行相似，不足位數由 * 替代並由後面給予參數設定。

Tips ▸ **format() 字串格式化**

Python 2.6 版本後，已有提供新的字串格式化：

```
print("{:d}".format(10))  #str.format()
```

其格式方式為 ":" 加上 " 格式符號 "：

符號	用途
{:d}	輸出整數
{:f}	輸出浮點數
{:%}	以百分比方式輸出
{:>nd}	靠右對齊，長度為 n
{:m.nf}	• m 為總長度（含小數點以及小數點後 n 位） • n 則為保留小數點後 n 位
{:+m.nf}	• m 為總長度（含小數點以及小數點後 n 位，若有帶正負號則包含） • n 為保留小數點後 n 位

6-1-3 [ ] 運算子與切片運算

每個字元都是一個獨立個體，字串就是由獨立個體所發展出來的一個群組，那要如何從群組中取出個體呢？相信很多人都常會看到中括號的運算子：

```
[]
```

該運算子透過給予的索引值取得字串中的值，例如假設有變數 Index = "abc def" 其索引位置則可參考下圖：

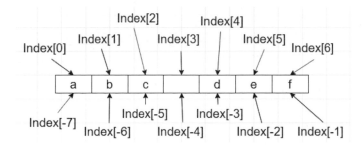

這邊要稍微注意的是，由左至右的索引位置以 0 開始；由右至左則以 -1 開始。接著，若要取得 Index 中的某索引位置相對應的值，其寫法：

```
Index[2] 或 Index[-5]
```

則其所取得的值為 c。

既然可以取得字串中各個字元，當然這部分也提供切片運算的功能取得某一小段的字串，其寫法格式：

```
index[start_index : end_index : step]
```

- start_index：表示開始位置。
- end_index：表示結束位置。
- step：間隔，不可為 0。

Tips

在切片運算時，也可以加入 step 間隔值，當間隔值 =1 時，代表每次提取間隔一個字元，當間隔值 =2 時，代表每次提取間隔二個字元，其中間隔值可以為正值或負值，正值是從左到右編號，負值是從右到左編號，但是不可以為 0。

範例程式 **ExSlice.py** ▶ 練習 Slice 運算

```
01  Index = "Hello Python, This is Program"
02
03  print("Index 字串：", Index)
04  print(Index[-3:-25:-2])
```

執行結果

```
Index字串： Hello Python, This is Program
roPs iT,otP
```

程式解說

◆ 第 1 行：宣告字串變數並給予字串值。

◆ 第 3 行：打印 Index 的字串內容。

◆ 第 4 行：開始位置為 -3，結束位置為 -25，並以間隔為 2。

6-1-4 跳脫字元

跳脫字元功能是一種用來進行某些特殊控制功能的字元方式，格式是以反斜線開頭，以表示反斜線之後的字元將跳脫原來字元的意義，並代表另一個新功能，例如前面我們談過的「\n」，就是一種跳脫字元，用來表示換行。常見有：

符號	用途
\' / \""	單引號 / 雙引號
\n	換行字元
\t	水平製表字元（如 Tab 作用）
\v	垂直製表字元
\b	退格
\r	將游標返回行頭
\\	反斜線
\	續行字元（在行尾時）

6-1-5 字串相關方法

有關於字串所提供的方法相當多。本單元將介紹一些常用的字串方法，當宣告了字串變數之後，就可以透過「.」（dot）運算子來取得方法。

與子字串有關的函數

首先列出與子字串有關的方法與函數，如何在字串搜尋或替換新的子字串。

方法	參數	用途
startswith(suffix[, start, end])	suffix – 可為一個字符或一個元素 start – 開始位置 end – 結束位置	字串開頭含有指定的字符或元素返回 True，反之返回 False
endswith(suffix[, start, end])	suffix – 可為字符或符號 start – 開始位置 end – 結束位置	字串末尾含有指定的字符或元素返回 True，反之返回 False
find(sub, beg = 0, end = len(string))	sub – 欲搜尋字符 beg – 開始搜尋位置。預設為第一個字符，其索引值為 0 end – 結束搜尋位置。預設其字串總長度	欲搜尋的字符若在搜尋範圍內返回其開始索引值，反之返回 -1

方法	參數	用途
index(sub, beg = 0, end = len(string))	sub – 欲搜尋字符 beg – 開始搜尋位置。預設為第一個字符，其索引值為 0 end – 結束搜尋位置。預設其字串總長度	欲搜尋的字符若在搜尋範圍內返回其開始索引值，反之拋出異常
str.join(seq)	str – 指定連接序列的字符 seq – 欲連接元素序列	返回指定連結序列中的元素後的新字串
lstrip([chars])	chars – 指定刪除的字符。預設空格	刪除字串開頭的空格或指定字符的新字串
rstrip([chars])	chars – 指定刪除的字符。預設空格	刪除字串末尾的空格或指定字符的新字串
strip([chars])	chars – 指定刪除的字符。預設空格	刪除字串頭尾的空格或指定字符的新字串
replace(old, new[, max])	old – 舊字符 new – 新字符 max – 可選，替換不超過的次數	返回字串中替換字符後的字串，若指定第三個參數，則替換不可超過其次數
split(str = "", num = string.count(str))	str – 分隔符。預設為所有空字符，包括空格、\n、\t num – 分隔次數（num + 1 個）。預設為 -1 即分隔所有。	透過指定分隔符將字串分隔數個

　　使用 split() 方法分割字串時，會將分割後的字串以串列（list）回傳。例如：split.py

```
str1 = "happy \nclever \nwisdom"
print( str1.split() ) # 以空格與換行符號 (\n) 來分割
print( str1.split(' ', 2 ) )
```

執行結果

```
['happy', 'clever', 'wisdom']
['happy', '\nclever', '\nwisdom']
```

以下範例搜尋特定字串出現次數：count.py

```
str1="Happy birthday to my best friend."
s1=str1.count("to",0)  # 從 str1 字串索引 0 的位置開始搜尋
s2=str1.count("e",0,34)  # 搜尋 str1 從索引值 0 到索引值 34-1 的位置
print("{}\n「to」出現 {} 次，「e」出現 {} 次 ".format(str1,s1,s2))
```

執行結果

```
Happy birthday to my best friend.
「to」出現1次，「e」出現2次
```

另外，上表中的函數 strip() 用於去除字串首尾的字元，lstrip() 用於去除左邊的字元，rstrip() 用於去除右邊的字元，三種方法的格式相同，以下以 strip() 做說明：

```
字串 .strip([ 特定字元 ])
```

特定字元預設為空白字元，特定字元可以輸入多個，例如：

```
str1="Are you happy?"
s1=str1.strip("A?")
print(s1)
```

執行結果

```
re you happy
```

由於傳入的是（"H?"）相當於要去除「A」與「?」，執行時會依序去除兩端符合的字元，直到沒有匹配的字元為止，所以上面範例分別去除了左邊的「A」與右邊的「?」字元。

至於函數 replace() 可以將字串裡的特定字串替換成新的字串，程式範例如下：replace.py

```
s= " 我畢業於宜蘭高中 ."
print(s)
s1=s.replace(" 宜蘭高中 ", " 高雄中學 ")
print(s1)
```

執行結果

```
我畢業於宜蘭高中 .
我畢業於高雄中學 .
```

這裡還要介紹兩種函數，它會依據設定範圍判斷設定的子字串是否存在於原有字串，若結果相符會以 True 回傳。startswith() 函數用來比對前端字元，endswith() 函數則以尾端字元為主。例如：startswith.py

```
wd = 'Alex is optimistic and clever.'
print(' 字串 :', wd)
print('Alex 為開頭的字串嗎 ', wd.startswith('Alex'))
print('clever 為開頭的字串嗎 ', wd.startswith('clever', 0))
print('optimistic 從指定位置的開頭的字串嗎 ', wd.startswith('optimisti', 8))
print('clever. 為結尾字串嗎 ', wd.endswith('clever.'))
```

執行結果

```
字串: Alex is optimistic and clever.
Alex為開頭的字串嗎 True
clever為開頭的字串嗎 False
optimistic從指定位置的開頭的字串嗎 True
clever.為結尾字串嗎 True
```

跟字母大小寫有關的方法與函數

字串還有哪些方法？介紹一些跟字母大小寫有關的方法。

方法	說明
capitalize()	只有第一個單字的首字元大寫，其餘字元皆小寫
lower()	全部大寫
upper()	全部小寫
title()	採標題式大小寫，每個單字的首字大寫，其餘皆小寫
islower()	判斷字串是否所有字元皆為小寫
isupper()	判斷字串是否所有字元皆為大寫
istitle()	判斷字串首字元是否為大寫，其餘皆小寫
isalnum()	判斷字串是否僅由字母和數字組成。是為 True，否為 False
isalpha()	判斷字串是否僅由字母組成。是為 True，否為 False
isdigit()	判斷字串是否僅由數字組成。是為 True，否為 False
isspace()	判斷字串是否僅由空格組成。是為 True，否為 False

以下程式範例示範跟字母大小寫有關的方法：**phrase.py**

```
phrase = 'Happy holiday.'
print('原字串：', phrase)
print('將首字大寫 ', phrase.capitalize())
print('每個單字的首字會大寫 ', phrase.title())
print('全部轉為小寫字元 ', phrase.lower())
print('判斷字串首字元是否為大寫 ', phrase.istitle())
print('是否皆為大寫字元 ', phrase.isupper())
print('是否皆為小寫字元 ', phrase.islower())
```

執行結果

```
原字串： Happy holiday.
將首字大寫  Happy holiday.
每個單字的首字會大寫 Happy Holiday.
全部轉為小寫字元 happy holiday.
判斷字串首字元是否為大寫 False
是否皆為大寫字元 False
是否皆為小寫字元 False
```

與對齊格式有關的方法

字串也提供與對齊格式有關的方法,請參考下表:

方法	參數	用途
center(width, fillchar)	width – 字串總長度 fillchar – 填充字符	指定總長度並將字串置中,其餘長度以填充字符,預設為空格
ljust(width, fillchar)	width – 字串總長度 fillchar – 填充字符。預設為空格	指定總長度並將字串置左,其餘長度以填充字符填滿
rjust(width, fillchar)	width – 字串總長度 fillchar – 填充字符。預設為空格	指定總長度並將字串置右,其餘長度以填充字符填滿。與 zfill(width) 方法類同,差別在於 zfill() 只有 width 參數且僅填充 0
zfill(width)		字串左側補「0」
partition(sep)		字串分割成三部份,sep 前,sep,sep 後
splitlines([keepends])		依符號分割字串為序列元素,keepends = True 保留分割的符號

以下程式範例示範了與對齊格式有關的方法。

範例程式 **align.py** ▶ 與對齊格式有關的方法

```
01  str1 = 'Python is funny and powerful'
02  print('原字串', str1)
03  print('欄寬 40,字串置中', str1.center(40))
04  print('字串置中,* 填補', str1.center(40, '*'))
05  print('欄寬 10,字串靠左', str1.ljust(40, '='))
06  print('欄寬 40,字串靠右', str1.rjust(40, '#'))
07
08  mobilephone = '931666888'
09  print('字串左側補 0:', mobilephone.zfill(10))
10
11  str2 = 'Mayor,President'
12  print('以逗點分割字元', str2.partition(','))
13
14  str3 = ' 禮 \n 義 \n 廉 \n 恥 '
15  print('依 \\n 分割字串', str3.splitlines(False))
```

執行結果

```
原字串 Python is funny and powerful
欄寬40, 字串置中            Python is funny and powerful
字串置中, * 填補 ******Python is funny and powerful******
欄寬10, 字串靠左 Python is funny and powerful=============
欄寬40, 字串靠右 ############Python is funny and powerful
字串左側補0: 0931666888
以逗點分割字元 ('Mayor', ',', 'President')
依\n分割字串 ['禮', '義', '廉', '恥']
```

程式解說

- 第 3 ～ 4 行：使用 center() 方法，設定欄寬（參數 width）為 20，字串置中時，兩側補「#」。

- 第 5 ～ 6 行：ljust() 方法會將字串靠左對齊；rjust() 方法會將字串靠右對齊。

- 第 8 ～ 9 行：字串左側補「0」。

- 第 12 行：partition() 方法中，會以 sep 參數「,」為主，將字串分割成三個部份。

- 第 14 行：splitlines() 方法的參數 keepends 設為 False，分割的字元不會顯示出來。

Tips

內建函數與方法的區分

Python 本身有許多內建函數包含有：print()、abs()、help()、…等等，這些都是可直接依據該功能作用進行調用。而所謂的方法基本上撰寫格式為：

對象名稱 . 方法（參數，…）

需要透過明確的對象名稱方能取得到其方法，以上述字串方法為例，假設要替換字串中的字符，需要使用 replace() 方法：

```
strReplace = "My name is John"
strReplace.replace("John", "Joan")
```

6-2 串列（list）

串列（list）是由一連串資料所組成，以中括號 [] 表示存放的元素，資料稱為元素（Element）或項目（item），可以存放不同資料型態的元素，不但具有順序性，而且可以改變元素內容，是透過索引值取得所需的資料元素，起始位置皆以 0 開始。

6-2-1 建立串列

我們可以直接使用中括號 [] 或內建的 list() 函數來建立串列，如下所示：

```
串列名稱 = [ 元素 1, 元素 2, ….. ]
```

裡面的項目皆以逗號（,）分隔並由中括號包裹著，每一項可說是獨立個體，彼此之間不需具有相同的型態。例如：

```
>>> list1 = ["123", "abc", True]
>>> list2 = [123, 1.0]
>>> print(list1)
['123', 'abc', True]
>>> print(list2)
[123, 1.0]
```

list1、list2 兩個串列中都有不同型態的數據在其中，彼此之間不受型態影響

而 list 也跟字串一樣，能夠進行切片、檢查是否指定字符或元素包含在內等等。

```
>>> list1 = ["Python", 20, "C#", 3.14, True, 0.05]
>>> list2 = ["Go"]
>>> list3 = ["to", "the", "movie"]
>>>
>>> print(list1[3])
3.14
>>>
>>> print(list1[0:4:2])
['Python', 'C#']
>>>
>>> print(list2*3)
['Go', 'Go', 'Go']
>>>
>>> print(list2 + list3)
['Go', 'to', 'the', 'movie']
```

這邊可得知 list 可取得指定索引值所對應的值、切片、使用乘 (*) 來自動產生重複的值，以及若有兩個 list 欲合併可使用加 (+) 將兩個不同 list 組合而成

　　以上圖 list1 為例，若要新增一個項目，先至 list 查看個數（即索引值，以 0 開始算起）接著再將個數 +1 便可新增。

```
list1[len(list1) + 1] = "ABC"
```

　　若要更新裡面其中之一的項目，則將直接覆蓋值即可：

```
list1[1] = 10
```

　　刪除的部分也是差不多的寫法，透過 del 語句：

```
del list1[5]
```

範例程式 ExList.py ▶ 取得串列中所有元素並依序輸出

```
01  list1 = ["A", True, 10, 3.14, "G"]
02
03  for i in range(len(list1)):
04      print(" 索引位置：%s\t 對應值：%s\t 型態：%s\n" %(i, list1[i], type(list1[i])))
```

執行結果

```
索引位置：0          對應值：A 型態：<class 'str'>

索引位置：1          對應值：True       型態：<class 'bool'>

索引位置：2          對應值：10         型態：<class 'int'>

索引位置：3          對應值：3.14       型態：<class 'float'>

索引位置：4          對應值：G 型態：<class 'str'>
```

程式解說

◆ 第 1 行：宣告一個串列，其包含不同型態資料。

◆ 第 3 ～ 4 行：取得該串列所有的資料並顯示其索引位置、對應值以及資料型態。

如果要將字串轉換成串列，就可以使用 list() 函數，該函數會將字串逐一拆解成單一字元，每個字元為串列中的一項元素，請看下例的說明：

```
print(list('Happy')) # 轉成 ['H', 'a', 'p', 'p', 'y']
```

此外，串列中括號裡面也可以結合 for 指令、range() 函數，產生的結果就是串列的元素。例如：

```
>>> list1 =[i for i in range(3,10)]
>>> list1
[ 3, 4, 5, 6, 7, 8, 9]
>>>
>>> list2=[i+10 for i in range(1,5)]
>>> list2
[11, 12, 13, 14]
>>>
```

還有一點要說明，串列的元素也像字串中的字元具有順序性，因此支援切片（Slicing）運算，可以透過切片運算子 [] 擷取串列中指定索引的子串列。我們來看以下的例子：

```
word = ['A','B','C','D','E','F', 'G', 'H']
print(word [:4])
print(word [1:8])
print(word [5:])
```

其執行結果如下：

```
['A', 'B', 'C', 'D']
['B', 'C', 'D', 'E', 'F', 'G', 'H']
['F', 'G', 'H']
```

6-2-2 多維串列

多維串列基本上就是一個串列中包含多個串列，每個串列中又包含多個元素。

```
[[1, 2, 3], [4, 5, 6], …]
```

若要宣告二維串列寫法為：

```
[["" for i in range(3) ] for j in range(4)] or [[""] * 3 for j in range(4)]
```

其中 "" for i in range(3) 表示第二維串列中每個串列生成 3 個元素；for j in range(4) 表示將生成 4 個第二維串列，故執行得到的結果如下圖。

```
[['', '', ''], ['', '', ''], ['', '', ''], ['', '', '']]
```

以二維串列來說，索引位置示意圖如下。

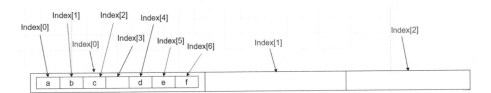

第一維串列索引位置由藍色標示，第二維串列用黑色標示。在使用相關方法時，因一維串列為 list[i] 表示，第二維表示為：

```
list[i][j]
```

以此類推。

在 Python 中，凡是二維以上的串列都可以稱作多維串列，想要提高串列的維度，只要在宣告串列時，增加中括號與索引值即可。例如三維陣列宣告方式如下：

```
num=[[[5,4,6],[6,8,16],[34,21,46]],[[25,47,33],[27,52,36],[62,39,18]]]
```

下例就是一種三維陣列的初值設定及各種不同陣列存取方式：

```
num=[[[5,4,6],[6,8,16],[34,21,46]],[[25,47,33],[27,52,36],[62,39,18]]]
print(num[0])
print(num[0][0])
print(num[0][0][0])
```

其執行結果如下：

```
[[5, 4, 6], [6, 8, 16], [34, 21, 46]]
[5, 4, 6]
5
```

6-2-3 常用的串列函數以及方法

串列常用的函數：

函數	參數	用途
len(list)	list – 串列	返回串列元素個數
max(list)		返回串列元素中最大值
min(list)		返回串列元素中最小值
list(seq)	seq – tuple 型態	將 tuple 轉換為列表

常用的方法：

方法	參數	用途

list.append(obj)	obj – 對象	串列末尾處新增一筆元素，
		
		```word = ["cat", "dog", "bird"]```
		```word.append("fish")```
		```print(word)```
		
		```['cat', 'dog', 'bird', 'fish']```

list.count(obj)	obj – 對象	返回串列重複出現次數
		
		```word = ["dog", "cat", "dog"]```
		```print("dog 出現的次數 ", word.count("dog"))```
		
		```dog 出現的次數 2```

方法	參數	用途
list.extend(seq)	seq – 可 為 list、tuple、集合、字典 (僅 將 key 作 為 元素加入)	串列末尾處新增多筆元素
list.index(x[, start, end])	x – 欲搜尋的字符 start – 開始位置 end – 結束位置	返回欲搜尋的字符索引位置，若找不到則拋出異常

list.insert(index, obj)	index – 需插入的索引位置
	obj – 欲插入對象
		在串列指定位置插入元素
		
		``python
		word = ["dog", "cat", "bird"]
		word.insert(2,"fish")
		print(word)
		``
		
		`['dog', 'cat', 'fish', 'bird']`

list.pop([index = -1])	index – 可 選 欲 移除串列元素的索引位置，不可超過串列總長度。預設為 -1，刪除最後一個	返回已從串列中移除對象的串列，如果 pop() 括號內沒有指定索引值，則預設移除最後一個。
		
		``python
		word = ["dog", cat", "bird"]
		word.pop(2)
		print(word)
		``
		
		`['dog', 'cat']`

list.remove(obj)	obj – 對象	串列中移除指定的元素
		
		``python
		word = ["dog", "cat", "bird"]
		word.remove("cat")
		print(word)
		``
		
		`['dog', 'bird']`

方法	參數	用途

list.sort(key = None, reverse = False)	key – 進行比較的元素，僅一個參數 reverse – 排序升降冪。True 為降冪；False 為升冪 (預設)	將串列中的元素進行升降冪排序
		
		``python
		word = ["dog", "cat", "bird"]
		word.sort()
		print(word)
		``
		
		`['bird', 'cat', 'dog']`

list.clear()		清空串列
list.copy()		複製串列

List.reverse()		reverse () 函數可以將 list 串列資料內容反轉排列
		
		``python
		word = ["dog", "cat", "bird"]
		word.reverse()
		print(word)
		``
		
		`['bird', 'cat', 'dog']`

一般在專案中經常會有一些原有資料存在的情形，基本上透過 list 的方法能夠保留原有資料既可新增、查詢、刪除等等功能作用。

範例程式 ExList2.py

```python
01  person = ["John", "Merry", "Mi", "Jason"]
02
03  addPerson = str(input("請輸入新增人員名字："))
04
05  if person.count(addPerson) == 0:
06      person.insert(len(person) - 2, addPerson)
07
08  print("搜尋剛新增人員索引位置：", person.index(addPerson))
09
10  person1 = person.copy()
11  person.clear()
12
13  print("複製原串列：", person1)
14  print("原串列：", person)
```

執行結果

```
請輸入新增人員名字：Simon
搜尋剛新增人員索引位置： 2
複製原串列： ['John', 'Merry', 'Simon', 'Mi', 'Jason']
原串列： []
```

程式解說

◆ 第 1 行：建立一個一維串列。

◆ 第 3 行：提供使用者輸入人員名字。

◆ 第 5 ～ 8 行：搜尋該人員名字是否有重複出現次數，若為 0 則將該人員插入總長度 -2，並返回索引位置。

◆ 第 10 ～ 14 行：將原串列複製到 person1 變數，同時將 person 清空。person1 亦存在其複製串列，故原串列清空不影響複製串列。

以下程式範例由使用者輸入資料後，再依序以 append() 函數附加到 list 串列中，最後再將串列的內容印出。

範例程式 append.py ▶ 使用 **append()** 函數附加資料到 **list** 串列中

```
01  num=int(input('請輸入總人數： '))
02  student = []
03  print('請輸入 {0} 個數值：'.format(num))
04
05  # 依序讀取分數
06  for item in range(1,num+1):
07      score = int(input()) # 取得輸入數值
08      student.append(score) # 新增到串列
09
10  print('總共輸入的分數 ', end = '\n')
11  for item in student:
12      print('{:3d} '.format(item), end = '')
```

執行結果

```
請輸入總人數：3
請輸入3個數值：
89
76
84
總共輸入的分數
  89   76   84
```

程式解說

- ◆ 第 1 行：輸入總人數，並將輸入的字串轉換為整數。
- ◆ 第 2 行：建立空串列。
- ◆ 第 5 ～ 8 行：將所輸入的數值轉換為整數，再新增到串列。
- ◆ 第 11 ～ 12 行：將儲存於 student 的串列元素輸出。

6-3　元組（tuple）

　　元組與串列相似，差別在於元組的元素是不可修改，而其仍可進行截取、組合、計算元素個數等等運算以及方法。另外，串列是以中括號 [] 來存放元素，元組卻是以小括號 () 來存放元素。元組中的元素有順序性，可以存放不同資料型態的元素，但是個數及元素值都不能改變。基本上，雖然串列的功能整體來說較元組強大且具有彈性，但是元組型態的執行速度較快，資料存放的安全性也較高。當不提供元素可進行修改時，可使用元組避免其他人更動，元組亦可透過 list() 函數轉換成串列型態。

6-3-1 建立元組

我們已知道串列是以中括號表示，元組則是以小括號表示：

```
("123", 1, 2.0)
```

當然，若不加上小括號也是可行的。

```
>>> tuple1 = ("12", 1.0, 5)
>>> type(tuple1)
<class 'tuple'>
>>>
>>>
>>> tuple1 = "23", 2.5, "Python"
>>> type(tuple1)
<class 'tuple'>
```

不添加小括號，其型態還是 tuple

元組中只包含一個元素時，需在該元素末尾加上逗號（,），否則括號將被視為運算符號使用。

```
>>> tuple1 = ("23")
>>> type(tuple1)
<class 'str'>
>>>
>>> tuple1 = (10)
>>> type(tuple1)
<class 'int'>
>>>
>>> tuple1 = (10,)
>>> type(tuple1)
<class 'tuple'>
```

元組中元素僅有一個時，需在該元素末尾添加逗號

事實上，我們還可以直接使用內建的 tuple() 函數來建立串列，如下所示：

```
l1=list()      # 建立空串列
print(l1)
l2=list([2,4,6,8])
print(l2)
```

執行結果

```
[]
[2, 4, 6, 8]
```

由於元組是序列（Sequence）的一種，如何取得元組中的元素和串列相同，例如：

```
tuple1 = ("123", 45, 30.5, "Python")
print("tuple1[2]：", tuple1[2])
```

```
tuple1[2]: 30.5
```

另外，如果要檢查某一個元素是否存在或不存在於元組中，則可以使用 in 與 not in 運算子，例如：

```
>>> "Mon" in ("Mon","Tue","Fri")
True
>>> "Sun" not in ("Mon","Tue","Fri")
True
>>>
```

同樣的，元組也可以進行組合、刪除、切片等等運算。雖然儲存在元組的元素不可以用 [] 運算子來改變元素的值，不過元組內元素仍然可以利用「+」運算子可以將兩個元組資料內容串接成一個新的元組，而「*」運算子可以複製元組的元素成多個。例如：

```
>>> tuple1 = ("123", 45, 30.5, "Python")
>>> tuple2 = ("C#", "Java")
>>>
>>> tuple3 = tuple1 + tuple2
>>> print(tuple3)
('123', 45, 30.5, 'Python', 'C#', 'Java')
>>>
>>>
>>> del tuple3
>>> print(tuple3)
Traceback (most recent call last):
  File "<pyshell#11>", line 1, in <module>
    print(tuple3)
NameError: name 'tuple3' is not defined
>>>
>>> tuple2 * 2
('C#', 'Java', 'C#', 'Java')
>>>
>>>
>>> "C#" in tuple2
True
```

當然切片運算也可以應用於元組來取出若干元素。若是取得指定範圍的若干元素，使用正值就得正向取出元素（由左而右），但使用負值就採用負向（由右而左）取出元素。以下例子是説明各種元組切片運算的語法：

```
>>> (1,4,8)+(9,4,3)
(1, 4, 8, 9, 4, 3)
>>> (1,2,3)*3
(1,2,3, 1,2,3, 31,2,3)
>>> tup =(90,43,65,72,67,55)
>>> tup[2]
65
>>> tup[-3]
72
>>> tup[1:4]
(43, 65, 72)
>>> tup[ 6:-2]
(90, 43, 65, 72)
>>> tup[-1:-3] #無法正確取得元素
()
>>>
```

6-3-2　常用元組函數

　　元組雖是串列的一種，但其本身比較屬於純取得資料供使用者讀取，由於元組內的元素不可以改變，所以會更動到元組元素內容值或元素個數的方法都無法使用，例如 append()、insert() 等函數。較常用函數僅有：

函數	參數	用途
len(tuple)	tuple – tuple 型態	計算元組元素個數
max(tuple)		返回元組中元素最大值
min(tuple)		返回元組中元素最小值
tuple(seq)	seq – list 型態	將串列轉換為元組
sum(tuple)	tuple – tuple 型態	加總元組內各元素總和

如果要將字串轉換成元組，就可以使用 tuple() 函數，該函數會將字串逐一拆解成單一字元，每個字元為元組中的一項元素，請看下例的說明：

```
print(tuple('Hello')) #轉成 ('H', 'e', 'l', 'l', 'o')
```

我們也可以透過 tuple() 函數將串列轉換成元組，如下：

```
>>>l1=[1,3,5,7]
>>>t1=tuple(l1)
>>>l1
(1,3,5,7)
```

以下例子將示範如何將二維串列轉換元組。

範例程式 **ExTuple.py** ▶ 練習二維串列轉換元組

```
01  tupleData = ()
02  listData = []
03
04  strFieldName = str(input("請輸入不可修改欄位名稱（逗號為分隔索引位置；頓號則為
                              放置在同一個索引位置）："))
05  strFieldData = str(input("請輸入欄位對應資料（逗號為分隔索引位置；頓號則為放置
                              在同一個索引位置）："))
06
07  for i in range(len(strFieldName.split(","))):
08      listData.append(strFieldName.split(",")[i])
09
10  for j in range(len(strFieldData.split(","))):
11      x = 0
12
13      if len(listData)%2 == 0:
14          x = len(listData) - 1
15      else:
16          x = len(listData) + 1
17
18      listData.insert(x, [strFieldData.split(",")[j] for x in range(1)])
19
20  listToTuple = tuple(listData)
21  print(listToTuple)
```

執行結果

```
請輸入不可修改欄位名稱(逗號為分隔索引位置；頓號則為放置在同一個索引位置)：姓名,數學、國文、英文
請輸入欄位對應資料(逗號為分隔索引位置；頓號則為放置在同一個索引位置)：王小明,78、88、90

list轉換tuple：('姓名', ['王小明'], '數學、國文、英文', ['78、88、90'])
```

程式解說

◆ 第 1 ～ 2 行：宣告空元組以及空串列。

◆ 第 4 ～ 5 行：輸入欄位名稱以及欄位對應值。

◆ 第 7 ～ 8 行：將欄位名稱以迴圈方式逐一加入串列中。

◆ 第 10 ～ 18 行：若當前串列個數為偶數插入位置以當前串列個數 -1；基數則插入位置以當前串列個數 +1 並分隔其對應值，數據格式為串列再依據基偶數插入當前串列中。

◆ 第 20 行：透過 tuple() 將串列轉換成元組。

6-4 字典（dict）

　　字典與串列、元組的作用也非常相似，可存放任何型態的對象。字典具備元素沒有順序性、鍵值不可重覆與可以改變元素內容的三種特性。比較不同字典是以一個鍵（key）對應一個值（value），而不是以索引值進行調用。由於「鍵」沒有順序性，所以適用於序列與元組型態的切片運算、連接運算子（+）、重複運算子（*）等，在字典中就無法使用。

6-4-1 建立字典

字典的每個 key 與 value 之間以冒號（:）分隔，每一組 key:value 皆以逗號（,）區隔並以大括號包裹著每一組鍵值。

```
字典名稱 = ( 鍵 1：值 1，鍵 2：值 2，鍵 3：值 3……)
```

通常字典都是以 key 在查詢並取得對應值，故 key 為唯一的且僅以字串命名，value 則不必。

建立字典的方式除了利用大括號 {} 產生字典，也可以使用 dict() 函數，或是先建立空的字典，再利用 [] 運算子以鍵設值，鍵（key）與值（value）之間以冒號元素（:）分開，資料之間必須以逗號（,）隔開，字典要取得其對應值，如同串列一樣，只是將索引值改成 key 名稱。例如：

```
dict1 = {"Name":"Python", "Version":"1.0", …}
dict1["Version"]
```

如果搜尋字典中沒有的 key，則會拋出異常。

```
>>> dict1 = {"Name": "Python", "Version": "1.0"}
>>> dict1["Author"]
Traceback (most recent call last):
  File "<pyshell#55>", line 1, in <module>
    dict1["Author"]
KeyError: 'Author'
```

字典中無 "Author" 的 key，故顯示 KeyError 的錯誤訊息

要修改字典的元素值必須針對「鍵」設定新值，才能取代原先的舊值。例如：

```
dic={'name':' 陳大貴 ', 'year': '1965', 'school':' 清華大學 '}
dic['name']=' 朱安德 '
print(dic)
```

會輸出如下結果：

```
{'name': ' 朱安德 ', 'year': '1965', 'school': ' 清華大學 '}
```

也就是説，如果有相同的「鍵」卻被設定不同的「值」，則只有最後面的「鍵」所對應的「值」有效，前面的「鍵」將被覆蓋。如果要新增字典的鍵值對，只要加入新的鍵值即可。語法如下：

```
dic={'name':'陳大貴', 'year': '1965', 'school':'清華大學'}
dic['city']= '新竹'
print(dic)
```

會輸出如下結果：

```
{'name': '陳大貴', 'year': '1965', 'school': '清華大學', 'city': '新竹'}
```

如果要刪除字典中的特定元素，語法如下：

```
del 字典名稱 [ 鍵 ]
```

例如：

```
del dic['city']
```

當字典不再使用時，如果想刪除整個字典，則可以使用 del 指令，例如：

```
del dic
```

6-4-2 常用的字典函數以及方法

各位建立字典之後，可以搭配 get() 方法來回傳 key 對應的值，或者以 clear() 方法清除字典所有內容，字典與串列一樣，皆提供函數以及方法使用，常見函數：

函數	參數	用途
cmp(dict1, dict2)	dict1、dict2 – 字典	比較兩邊字典的元素
len(dict)	dict – 字典	計算字典元素個數，即 key 的總數
str(dict)		以字串的方式輸出字典的 key:value

而方法包含：

方法	參數	用途
dict.clear()		清空字典
dict.copy()		複製字典
dict.fromkeys(seq[, value])	seq – key 串列 value – 可選。設置 value，預設為 None	建立一個新字典
dict.get(key, default = None)	key – 欲搜尋的 key default – 若 key 不存在，設置預設值（None）	返回欲搜尋 key 的值，若不存在，則返回預設值

key in dict		key 若存在於字典返回 True，反之為 False。例如：
		
		`>>> "Mon" in`
		`["Mon","Tue","Fri"]`
		`True`
		`>>> "Sun" not in`
		`["Mon","Tue","Fri"]`
		`True`

dict.items()		以列表包裹元組方式返回鍵值
dict.setdefault(key, default = None)	key – 欲搜尋的 key default – 若 key 不存在，設置預設值（None）	與 get() 方法相似，差別 key 不存在，setdefault() 方法將會自動添加 key，value 為預設值
dict.update(dict2)	dict2 – 字典	將字典的 key:value 更新到另一個字典當中
dict.pop(key[, default])	key – 欲刪除的 key default – 若 key 不存在，設置預設值	刪除 key:value 並返回被刪除的 value

清除 - clear()

clear() 方法會清空整個字典，但是字典仍然存在，只不過變成空的字典。但是 del 指令則會將整個字典刪除。以下例子將示範如何使用 clear() 方法：

```
dic={'name':'陳大貴', 'year': '1965', 'school':'清華大學'}
dic.clear()
print(dic)
```

執行結果

```
{}
```

複製 dict 物件 - copy()

使用 copy() 方法可以複製整個字典，以期達到資料備份的功效，但新字典會和原先的字典佔用不同記憶體位址，兩者內容不會互相影響。例如：

```
dic1={'name':'陳大貴', 'year': '1965', 'school':'清華大學'}
dic2=dic1.copy()
print(dic2)# 新字典和原字典內容相同
dic2["name"]=" 許德昌 "# 修改新字典內容
print(dic2)# 新字典內容已和原字典 dic1 內容不一致
print(dic1)# 原字典內容不會
```

執行結果

```
{'name': '陳大貴', 'year': '1965', 'school': '清華大學'}
{'name': '許德昌', 'year': '1965', 'school': '清華大學'}
{'name': '陳大貴', 'year': '1965', 'school': '清華大學'}
```

搜尋元素值 - get()

get() 方法會以鍵（key）搜尋對應的值（value），但是如果該鍵不存在則會回傳預設值，但如果沒有預設值就傳回 None 例如：

```
dic1={"name":"陳大貴", "year": "1965", "school":"清華大學"}
chen=dic1.get("name")
print(chen)  #印出陳大貴
paper=dic1.get("color")
print(paper)  #印出 None
paper=dic1.get("color","Gold")
print(paper)  #印出 Gold
```

執行結果

```
陳大貴
None
Gold
```

移除元素 - pop()

pop() 方法可以移除指定的元素，例如：

```
dic1={"name":"陳大貴", "year": "1965", "school":"清華大學"}
dic1.pop("year")
print(dic1)
```

執行結果

```
{'name': '陳大貴', 'school': '清華大學'}
```

更新或合併元素 - update()

update() 方法可以將兩個 dict 字典合併，格式如下：

```
dict1.update(dict2)
```

dict1 會與 dict2 字典合併，如果有重複的值，括號內的 dict2 字典元素會取代 dict1 的元素，例如：

```
dic1={"name":" 陳大貴 ", "year": "1965", "school":" 清華大學 "}
dic2={"school":" 北京清華大學 ", "degr  ee":" 化工博士 "}
dic1.update(dic2)
print(dic1)
```

執行結果

```
{'name': '陳大貴', 'year': '1965', 'school': '北京清華大學', 'degree': '化工博士'}
```

items()、keys() 與 values()

items() 方法是用來取得 dict 物件的 key 與 value，keys() 與 values() 這兩個方法是分別取 dict 物件的 key 或 value，回傳的型態是 dict_items 物件，例如：

```
dic1={"name":" 陳大貴 ", "year": "1965", "school":" 清華大學 "}
print(dic1. items())
print(dic1. keys())
print(dic1.values())
```

執行結果

```
dict_items([('name', '陳大貴'), ('year', '1965'), ('school', '清華大學')]
dict_keys(['name', 'year', 'school'])
dict_values(['陳大貴', '1965', '清華大學'])
```

範例程式 **Exdict.py** ▶ 建立字典並是否更新為 **None** 的對應值

```
01  dictStudent = {}
02
03  def isHasKeyAndNotNone():
04      findKey = str(input(" 請輸入欲查詢的 key："))
05
06      if findKey in dictStudent and dictStudent.get(findKey, None) == None:
07          EditData(findKey)
08
09      elif findKey in dictStudent and dictStudent.get(findKey, None) != None:
10          print("%s 的值：%s" %(findKey, dictStudent[findKey]))
```

```
11              CheckOtherKeyValue()
12
13      else:
14          dictStudent.setdefault(findKey, None)
15          print("%s 不存在已自動建立 key" %(findKey))
16
17  def EditData(findKey):
18      strInputValue = str(input(" 請輸入值："))
19      dictStudent[findKey] = strInputValue
20      CheckOtherKeyValue()
21
22  def CheckOtherKeyValue():
23      for key, values in dictStudent.items():
24          if values == None:
25              print(dictStudent)
26              strCheck = str(input(" 目前還有其他欄位值為 None，是否繼續進行編輯
                            (Y/N)："))
27
28              while strCheck == "Y":
29                  isHasKeyAndNotNone()
30              else:
31                  print(dictStudent)
32                  break
33
34  strFieldName = str(input(" 請輸入欄位名稱（以逗號分隔）："))
35  dictStudent = dictStudent.fromkeys(strFieldName.split(","))
36
37  isHasKeyAndNotNone()
```

執行結果

```
請輸入欄位名稱(以逗號分隔)：姓名,數學,國文,英文,體育
請輸入欲查詢的key：姓名
請輸入值：王小明
{'姓名': '王小明', '數學': None, '國文': None, '英文': None, '體育': None}
目前還有其他欄位值為None，是否繼續進行編輯(Y/N)：N
{'姓名': '王小明', '數學': None, '國文': None, '英文': None, '體育': None}
```

程式解說

- ◆ 第 1 行：建立一個空的字典。

- ◆ 第 3 ～ 15 行：該函數提供使用者輸入欲查詢的 key，key 存在而其值為 None 則會呼叫 EditData() 函數；key 存在而其值不為 None，將列印 key、value，之後再呼叫 CheckOtherKeyValue() 函數檢查其他 key 是否還有 None 值。

- ◆ 第 17 ～ 20 行：該函數則變更其 key 的 value，而後呼叫 CheckOtherKeyValue() 函數檢查其他 key 是否還有 None 值。

- ◆ 第 16 ～ 31 行：dict.items() 取得字典的 key:value，若有值為 None，詢問 是否繼續編輯資料並用 while 進行迴圈的事件。Y 則會呼叫 isHasKeyAnd NotNone() 函數想要查詢的 key 是否存在且是否為 None；N 將會打印字 典，透過 break 跳出 while 迴圈。

- ◆ 第 34、35 行：提供使用者建立字典的元素再透過 split 分隔。

- ◆ 第 37 行：呼叫 isHasKeyAndNotNone() 函數想要查詢的 key 是否存在且是 否為 None。

6-5 集合（set）

與字典一樣為無排序的特性，透過集合的型態能直接過濾掉重複的資料，也支援聯集、交集、差集等運算。不過 set 集合只有鍵（key）沒有值（value），由於它不曾記錄元素的位置，當然也不支援索引或切片運算、連接運算子（+）、重複運算子（*）等，在集合中也無法使用。

6-5-1 建立集合

集合可以使用大括號 {} 或 set() 方法建立，資料則以逗號隔開，建立方式如下：

集合名稱 = { 元素 1, 元素 2, .. }

例如：

{"Python", "Java", "PHP", "JavaScript"}

或者

set("abcdabcdabcdefg")

然而，當集合僅含有一個元素時，仍可以下寫法格式：

set(("abcdabcdabcdefg",))

要注意的是，若要建立一個空集合應以 set() 建立而非 {}，因 {} 為建立一個字典。

以下是使用 set() 方法建立集合的方法，括號 () 裡只能有一個 iterable（迭代）物件，也就是 str，list，tuple，dict…等物件，例如：

```
strObject = set("13579")
print(strObject)
listObject = set(["Cat", "Dog", "Bird"])
print(listObject)
tupleObject = set(("Cat", "Dog", "Bird"))
print(tupleObject)
dictObject = set({"topic":"sports", "age":18, "country":"USA"})
print(dictObject)
```

set() 使用 dict 當引數時只會保留 key，上面敘述的執行結果如下：

```
{'7', '9', '1', '5', '3'}
{'Bird', 'Dog', 'Cat'}
{'Bird', 'Dog', 'Cat'}
{'country', 'topic', 'age'}
```

另外，如果要檢查某一個元素是否存在或不存在於集合中，則可以使用 in 與 not in 運算子，例如：

```
>>> "Fall" in {"Spring","Summer","Fall","Winter"}
True
>>> "Autumn" not in {"Spring","Summer","Fall","Winter"}
True
>>>
```

那麼建立集合之後，該如何使用聯集、交集、差集的作用呢？這部份其實可以藉由運算子簡單實現。

■ 聯集 – 集合 A 或集合 B 包含的所有元素。

```
A | B
```

■ 交集 – 包含集合 A 以及集合 B 的元素。

```
A & B
```

■ 差集 – 僅包含集合 A。

```
A - B
```

■ 對稱差 – 不同時包含集合 A 和集合 B 的元素。

```
A ^ B
```

範例程式 **ExSet.py** ▶ 練習集合的方法使用

```
01  likeBasketball = set(("class A", "class B", "class C"))
02  likeDodgeball = set(("class A", "class F", "class k"))
03
04  setDifference = likeBasketball.difference(likeDodgeball)
05  print("\nlikeBasketball 差集:", setDifference)
06  setDifference = likeDodgeball.difference(likeBasketball)
07  print("likeDodgeball 差集:", setDifference)
08
09  setIntersection = likeBasketball.intersection(likeDodgeball)
10  print("\nlikeBasketball 以及 likeDodgeball 的交集:", setIntersection)
11
12
13  setUnion = likeBasketball.union(likeDodgeball)
14  print("\nlikeBasketball 以及 likeDodgeball 的聯集:", setUnion)
15
16  setSymmetric_difference = likeBasketball.symmetric_difference
          (likeDodgeball)
17  print("\nlikeBasketball 以及 likeDodgeball 的對稱差:", setSymmetric_
          difference)
```

執行結果

```
likeBasketball差集: {'class B', 'class C'}
likeDodgeball差集: {'class k', 'class F'}

likeBasketball以及likeDodgeball的交集: {'class A'}

likeBasketball以及likeDodgeball的聯集: {'class k', 'class F', 'class A', 'class B', 'class C'}

likeBasketball以及likeDodgeball的對稱差: {'class k', 'class F', 'class B', 'class C'}
```

程式解說

* 第 1 ～ 2 行:宣告兩個集合,一個為喜歡籃球的班級集合,一個為喜歡躲避球的班級集合。

* 第 4 ～ 7 行:分別可取得喜歡籃球的差集、躲避球的差集。

* 第 9 ～ 10 行:intersection() 取得包含在兩個集合中的元素。

- ◆ 第 13 ～ 14 行：可取得兩個集合包含所有的元素。

- ◆ 第 16 ～ 17 行：symmetric_difference() 方法僅會取得不同時都包含的元素。

6-5-2 常用集合方法

集合除了可使用 len() 以及 x in s 檢查是否存在欲搜尋的字符外，其常見方法：

方法	參數	用途
set.add()		新增集合元素
set.clear()		清空集合
set.copy()		複製集合
set.difference()		集合的差集，將返回新的集合
set.discard(item) / set.remove(item)	item – 欲移除的元素	移除集合中指定的元素。刪除一個不存在的元素不會拋出異常 / 刪除一個不存在的元素會拋出異常
set.intersection(set1[, set2, ...])	set1 – 必填。欲搜尋相同元素的集合 set2 – 可選。欲搜尋其他相同元素的集合，可多個並以逗號分隔	返回兩個集合的交集的新集合
set.isdisjoint()		判斷兩個集合中是否包含相同的元素，沒有返回 True，反之為 False
set.issubset()		判斷集合的所有元素是否皆包含在指定的集合中，是為 True，反之為 False
set.issuperset()		判斷指定集合的所有元素是否皆包含在原集合中，是為 True，反之為 False
set.pop()		隨機移除一個元素

方法	參數	用途
set.symmetric_difference()		返回兩個集合中不同時存在的元素的新集合
set.union(set1, set2, …)	set1 – 必填。欲合併的集合 set2 – 可選。欲合併的集合，可多個並以逗號分隔	集合的聯集。即包含了所有集合的元素，重複的元素僅出現一次，返回一個新集合
set.update(set)	set – 元素或集合。若新增字串，可以大括號包裹，若無大括號包裹則會拆分成單個字符	修改當前集合，可新增元素，若新增的元素已存在則只會出現一次，重複的忽略

我們以下將介紹集合函數的使用方式：

🤖 新增與刪除元素 - add() / remove()

add 方法一次只能新增一個元素，如果要新增多個元素，可以使用 update() 方法，以下是 add 與 remove 方法的使用方式：

```
word= {"animation", "realize", "holiday"}
word.add("computer")
print(word)
```

執行結果

```
{'computer', 'realize', 'animation', 'holiday'}
```

```
word= {"animation", "realize", "holiday"}
word.remove("holiday")
print(word)
```

執行結果

```
{'realize', 'animation'}
```

👨‍🔬 更新或合併元素 - update()

update() 方法可以將兩個 set 集合合併，set1 會與 set2 合併，由於 set 集合不允許重複的元素，如果有重複的元素會被忽略，格式如下：

```
set1.update(set2)
```

例如：

```
word= {"animation", "realize", "holiday"}
word.update({"realize", "happy","clever","horriable"})
print(word)
```

執行結果

```
{'happy', 'clever', 'horriable', 'holiday', 'animation', 'realize'}
```

建立集合後，可以使用 in 敘述來測試元素是否在集合中。

綜合範例

1.　請利用字串方法修改標題以及個人資料。

```
是否要更改名稱(Y/N)：y
是否要更改前後星號(Y/N)：y
請輸入名字：許富強
請輸入暱稱：小強
請輸入Gmail：strong@gmail.com
你的興趣(以逗號分隔)：閱讀,旅遊
=============================

撰寫Python小網站
作者： 許富強
暱稱： 小強
Gmail： strong@gmail.com
興趣： 閱讀,旅遊
```

解答 ExStrMethod.py

```
01  def EditData():
02      if len(strEditTitle) > 0:
03          print(strEditTitle)
04      else:
05          print(strTitle)
06
07      print(" 作者：", strName)
08      print(" 暱稱：", strId)
09      print("Gmail：", strEmail)
10      print(" 興趣：", strJoin)
11
12  strTitle = ""
13  strEditTitle = " 撰寫 Python 小網站 "
14
15  isEditTitle = str(input(" 是否要更改名稱 (Y/N)："))
16  isSymbol = str(input(" 是否要更改前後星號 (Y/N)："))
17
18  if isEditTitle == "Y" and isSymbol == "Y":
19      strEditTitle = str(input(" 請輸入欲更改名稱："))
20      strSymbol = str(input(" 請輸入欲更改前後符號："))
21
22      strEditTitle = strEditTitle.center(36, strSymbol)
23
24  elif isEditTitle == "Y" and isSymbol == "N":
25      strEditTitle = str(input(" 請輸入欲更改名稱："))
26      strEditTitle = strEditTitle.center(36, "*")
27
28  elif isEditTitle == "N" and isSymbol == "Y":
29      strSymbol = str(input(" 請輸入欲更改前後符號："))
30      strTitle = strTitle.center(36, strSymbol)
31
32  strName = str(input(" 請輸入名字："))
33  strId = str(input(" 請輸入暱稱："))
34  strEmail = str(input(" 請輸入 Gmail："))
35
36  while strEmail.endswith("@gmail.com") == False:
37      strEmail = str(input(" 請重新輸入 Gmail："))
38
39  strSavor = str(input(" 你的興趣（以逗號分隔）："))
40  strJoin = "|".join(strSavor.split(","))
41
42  print("="*30, "\n")
43  EditData()
```

2. 應用串列的 sort() 函數來進行資料排序的實作。

```
排序前順序： [98, 46, 37, 66, 69]
遞增排序： [37, 46, 66, 69, 98]
排序前順序：
['one', 'time', 'happy', 'child']
遞減排序：
['time', 'one', 'happy', 'child']
```

解答 sort.py

```
01  score = [98, 46, 37, 66, 69]
02  print('排序前順序：',score)
03  score.sort() #省略 reverse 參數，遞增排序
04  print('遞增排序：', score)
05  letter = ['one', 'time', 'happy', 'child']
06  print('排序前順序：')
07  print(letter)
08  letter.sort(reverse = True) #依字母做遞減排序
09  print('遞減排序：')
10  print(letter)
```

3. 實作串列中 reverse() 函數，其中包含兩個串列，一個串列中的項目全部都是數字，另一個串列中的項目全部都是字串。

```
反轉前內容： ['apple', 'orange', 'watermelon']
反轉後內容： ['watermelon', 'orange', 'apple']
反轉前內容： [65, 76, 54, 32, 18]
反轉後內容： [18, 32, 54, 76, 65]
```

解答 rev.py

```
01  fruit = ['apple', 'orange', 'watermelon']
02  print('反轉前內容：', fruit)
03  fruit.reverse()
04  print('反轉後內容：', fruit)
05  score = [65,76,54,32,18]
06  print('反轉前內容：', score)
07  score.reverse()
08  print('反轉後內容：', score)
```

4. 二維陣列與二階行列式的宣告與應用範例。

```
|a1 b1|
|a2 b2|
請輸入a1:8
請輸入b1:1
請輸入a2:9
請輸入b2:2
| 8 1 |
| 9 2 |
ans= 7
```

解答 column.py

```
01  print("|a1 b1|")
02  print("|a2 b2|")
03  arr=[[]*2 for i in range(2)]
04  arr=[[0,0],[0,0]]
05  arr[0][0]=int(input("請輸入a1:"))
06  arr[0][1]=int(input("請輸入b1:"))
07  arr[1][0]=int(input("請輸入a2:"))
08  arr[1][1]=int(input("請輸入b2:"))
09  ans= arr[0][0]*arr[1][1]-arr[0][1]*arr[1][0]  # 求二階行列式的值
10  print("| %d %d |" %(arr[0][0],arr[0][1]))
11  print("| %d %d |" %(arr[1][0],arr[1][1]))
12  print("ans= %d" %ans)
```

5. 以下程式範例將實作如何利用 sorted() 函數來對元組內的元素進行排序。

```
(8000, 7200, 8300, 4700, 5500)
由小而大： [4700, 5500, 7200, 8000, 8300]
由大而小： [8300, 8000, 7200, 5500, 4700]
資料仍維持原順序：
(8000, 7200, 8300, 4700, 5500)
```

解答 tuple_sorted.py

```
01  pay = (8000, 7200, 8300, 4700, 5500)
02  print(pay)
03  print('由小而大：',sorted(pay))
04  print('由大而小：', sorted(pay, reverse = True))
05
06  print('資料仍維持原順序：')
07  print(pay)
```

6. 以下程式範例將秀出出現在任何一組樂透清單的數字、兩組都出現的數字
   及列出沒有出現在任一組樂透清單的數字。

```
{1, 2, 3, 4, 5, 6, 7, 8, 9, 10, 11, 12}
第一組樂透: {3, 5, 7, 10, 12}
第二組樂透: {2, 5, 6, 11, 12}
有 8 個數字出現在其中一次開獎 {2, 3, 5, 6, 7, 10, 11, 12}
有 2 個數字出現在每一次開獎 {12, 5}
總共有 4 個不幸運的數字 {8, 1, 4, 9}
```

解答 lotto.py

```
01  number={1,2,3,4,5,6,7,8,9,10,11,12}
02  print(number)
03  lotto1={3,5,7,10,12}  # 第一組幸運彩蛋
04  print(" 第一組樂透 :",lotto1)
05  lotto2={2,5,6,11,12}  # 第二組幸運彩蛋
06  print(" 第二組樂透 :",lotto2)
07  lucky=lotto1 | lotto2
08  print(" 有 %d 個數字出現在其中一次開獎 " %len(lucky), lucky)
09  biglucky=lotto1 & lotto2
10  print(" 有 %d 個數字出現在每一次開獎 " %len(biglucky), biglucky)
11  badnum=number -lucky
12  print(" 總共有 %d 個不幸運的數字 " %len(badnum), badnum)
```

★ 課 後 評 量

一、選擇題

1. （　　） 如果 fruit = ["papaya", "grape", "apple"]，請問執行 print(len(fruit)) 的
執行結果為何？

    (A) 4　　　　　　　　(B) 3　　　　　　　　(C) 5　　　　　　　　(D) 2

2. （　　） 請問 [i for i in range(1,21,4)] 所產生的串列內容為何？

    (A) [1, 5, 9, 13]　　　　　　　　　(B) [1, 5, 9, 13, 17,21]

    (C) [1, 5, 9, 13, 17]　　　　　　　(D) [5, 9, 13, 17,21]

3. （　　） 如果 word = ["red", "yellow", "green"]，請問執行 word.sort() 的執行
結果為何？

    (A) ['andy', 'mary', 'tom']　　　　(B) ['tom', 'andy', 'mary',]

    (C) ['andy', 'tom' , 'mary']　　　　(D) ['mary', 'tom', 'andy']

4. （　　） 下列哪一個是不合法的元組？

    (A) ()

    (B) [25, 36, 63]

    (C) ('2020', 168, ' 新北市 ')

    (D) ('salesman', [58000, 74800], 'department')

5. （　　） num = [[8, 2, 5, 9], [41, 45, 16,10]]，請問 num[0][2] 值為何？

    (A) 2　　　　　　　　(B) 45　　　　　　　　(C) 16　　　　　　　　(D) 5

二、問答與實作題

1. 請問 [i+3 for i in range(10,25,2)] 的串列結果？

2. 請寫出以下程式的執行結果。

```
dic={'color':'yellow', 'price': 520, 'function':'Play music'}
dic['price']= 1200
print(dic)
```

3. 請寫出以下程式的執行結果。

```
threeC = ["TV", "Computer", "Phone","LCD"]
del threeC[2]
print(threeC)
del threeC[0]
print(threeC)
```

4. 請寫出以下程式的執行結果。

```
threeC = ["TV", "Computer", "Phone","LCD"]
threeC.pop()
threeC.pop()
print(threeC)
```

5. list = [2,8,5,6,3,4,7]，請分別寫出以下敘述的切片運算結果。

   ❶ list[3:7]

   ❷ list[-1:]

6. 請寫出以下程式的執行結果。

```
hobby_tom ={'baseball', 'read', 'jogging'}
hobby_john={'basketball', 'swimming', 'jogging','music'}
print(hobby_tom & hobby_john)
print(hobby_tom | hobby_john)
print(hobby_john -hobby_tom)
```

7. 請寫出以下程式的執行結果。

```
num=[[[1,77],[1,4],[5,3]],[[2,6],[5,3],[7,3]]]
print(num[0][1])
print(num[0][1][1])
```

8. 請寫出以下程式的執行結果。

```
>>> (5,4,3)*2
```

Chapter

7

函數與演算法

截至目前為止，相信您已經能夠寫出一個架構完整的 Python 程式了，但是緊接著您會開始發現程式愈寫愈長，這時對程式可讀性的要求就會愈高。特別是當程式越來越大、越來越複雜時，會發現到有某些程式碼經常被重覆地撰寫。所謂「模組化」設計精神，即是把程式由上而下逐一分析，並將大問題逐步分解成各個較小的問題，模組化的概念也沿用到程式設計中，從實作的角度來看，就是函數。因此使用函數（function）就可將程式碼組織為一個小的、獨立的運行單元，並且可在程式中的各個地方重複執行多次。

至於演算法（algorithm）就是計算機科學與程式設計領域中最重要的關鍵，不但是人類利用電腦解決問題的技巧之一，也是程式設計領域中最重要的關鍵，常常被使用為設計程式碼的第一步，演算法就是一種計劃，每一個指示與步驟都是計畫過的，這個計畫裡面包含解決問題的每一個步驟跟指示。

7-1　函數簡介

函數本身其實就像是一部機器，或者說像是一個黑盒子。在各位國中所學的數學中便曾經提及函數，數學上函數的形式如下：

```
y = f(x)
```

其中 x 代表輸入的參數，f(x) 表示是 x 的函數，而 y 則是針對一個特定值 x 所得到的結果與回傳參數。如果這樣的例子還太過抽象的話，我們利用以下生活上的例子來說明，假設有一個函數叫做「冷氣機」，此函數的抽象形式為：

```
涼風 = 冷氣機（開機指令）
```

當使用者對「冷氣機」這個函數輸入「開機」的指令，冷氣機就會吹出涼風。經過前面的說明，相信各位讀者應該對於函數都有初步的瞭解了吧！對於程式設計師而言，函數是由許多的指令所組成，可將程式中重複執行的區塊定義成函數型態，一旦函數的定義夠明確，就能讓程式呼叫該函數來執行重複的指令，使用函數的好處有以下三點：

1. 避免造成相同程式碼重複出現。

2. 讓程式更加清楚明瞭，降低維護時間與成本。

3. 將較大的程式分割成多個不同的函數，可以獨立開發、編譯，最後可連結在一起。

7-1-1 Python 函數類型

Python 的函數類型大概區分成三種，分別是內建函數（built-in）、標準函數庫（Standard library）及自訂函數（user-defined），簡單介紹如下：

■ **內建函數（built-in）**：Python 本身就內建許多的函數，像是之前使用過的 help()、range()、len()、type() 都是內建的函數，直接可以呼叫使用。

■ **標準函式庫（Standard library）**：或稱第三方開發的模組庫函數，所謂模組就是指特定功能函數的組合，Python 的標準函式庫提供了許多相當實用的函數，使用這類的函數，必須事先將該函數所屬套件匯入。

■ **自訂函數（user-defined）**：需要先定義函數，然後才能呼叫函數，這種函數則是依自己的需求自行設計的函數，這也是本章中所要說明的重點。

7-1-2 定義函數

在 Python 中函數必須要以關鍵字「**def**」定義，其後空一格接自行命名的函數名稱，當然函數名稱必須遵守識別字名稱的規範，然後串接一對小括號，小括號內可以填入傳入函數的參數，小括號之後再加上「:」，格式如下所示：

```
def 函數名稱 ( 參數 1, 參數 2, …):
    程式指令區塊
    return 回傳值   # 有回傳值時才需要
```

請注意！程式指令區塊可能是單行、多行指令（Statement）或者是運算式，函數的程式敘述區塊必須縮排，函數不一定需要具備參數，如果有多個參數就必須利用逗號 (,) 加以區隔。

另外，如果函數有定義參數，呼叫函數時必須連帶傳入相對應的引數（arguments），當函數執行結束後，如果需要傳回結果，可以利用 return 指令回傳結果值。一般來說，使用函數的情況大多都是做處理計算的工作，因此都需要回傳結果給函數呼叫者，回傳值可以是一個或多個，必須利用逗號 (,) 加以區隔，當然也可以沒有回傳值。

定義完函數後，並不會主動執行，只有在主程式中呼叫函數時才能開始執行，呼叫函數的語法格式如下所示：

```
函數名稱 ( 引數 1, 引數 2, …)
```

下面將在 IDLE 交談式 shell 定義一個名為 hello() 的簡單函數，該函數會輸出一句預設的字串。程式碼如下：

```
>>>def hello():
    print(' 程式設計真有趣 ')          ← 此處要再按一次 ENTER 鍵才會結束函數的定義
>>>hello()
Happy New Year
```

上面的自訂函數 hello()，當中沒有任何參數，函數功能只是以 print() 函數輸出指定的字串，當呼叫此函數名稱 hello() 時，會印出函數所要輸出的字串，如本例中的「程式設計真有趣」字串。

上述程式沒有回傳值，我們也可以將函數的執行結果，以 return 指令回傳指定的變數值。例如以下函數有回傳值：func.py

```
def func(a,b,c):
    x = a +b +c
    return x

print(func(1,2,3))
```

執行結果

6

　　各位可以修正上述程式碼，直接將輸出的指令寫在函數內，並取消原先的回傳指令，這種情況下，該函數則會返回 None，請參考以下的範例程式碼：

func1.py

```
def func(a,b,c):
    x = a +b +c
    print(x)

print(func(1,2,3))
```

執行結果

6
None

　　以下程式範例是要求使用者輸入兩個數字，並比較哪一個數字較大。如果輸入的兩數一樣，則輸出任一數。

範例程式 **compare.py** ▶ 建立比較兩數大小的函數

```
01  def mymax(x,y):
02      if x>y:
03          return x
04      else:
05          return y
06
```

```
07  print(' 數字比大小 ')
08  a=int(input(' 請輸入 a:'))
09  b=int(input(' 請輸入 b:'))
10  print(" 較大者之值為 :%d" %mymax(a,b))# 函數呼叫
```

執行結果

```
數字比大小
請輸入a:8
請輸入b:6
較大者之值為:8
```

程式解說

◆ 第 1 ～ 5 行：是利用 > 運算子判定究竟是 x 較大或是 y 較大，並輸出較大值。

◆ 第 10 行：為了要使用 mymax 函數，必須要呼叫 mymax(a,b) 函數，並以 a 與 b 當作參數傳遞給 mymax 函數。

以下程式範例是計算所輸入兩數 x、y 的 x^y 值函數 Pow()。

範例程式 **pow.py** ▶ 求取某數的某次方值實作練習

```
01  def Pow(x, y):
02      p = 1;
03      for i in range(y+1):
04          p *= x
05      return p
06  print(' 請輸入兩數 x 及 y 的值函數：')
07  x=int(input('x='))
08  y=int(input('y='))
09  print(' 次方運算結果:%d' %Pow(x, y))
```

執行結果

```
請輸入兩數x及y的值函數：
x=3
y=5
次方運算結果：729
```

程式解說

- ◆ 第 1 ～ 5 行：我們定義了函數的主體。
- ◆ 第 9 行：為了要使用 Pow 函數，必須要呼叫 Pow(x,y) 函數，並以 x 與 y 當作參數傳遞給 Pow 函數。

7-1-3 參數預設值

雖然我們能夠將參數傳遞給函數，但是如果傳遞的參數過多，那麼在參數的設定上就會顯得有些麻煩。特別是當某些參數只有在特殊情況下才會變動時，就可以使用設定參數預設值的方式，直接讓函數設定預設值，如此一來，呼叫函數就不需要再傳參數。例如：

```
>>> def myname(name='王建民'):
        print(name)


>>> myname()
王建民
```

7-1-4 任意引數傳遞

Python 也支援任意引數列（arbitrary argument list），也就是如果各位事先不知道呼叫函數時要傳入的多少個引數，這種情況下可以在定義函數時在參數前面加上一個星號（*），表示該參數可以接受不定個數的引數，而所傳入的引數會視為一組元組（tuple）；但若在定義函數時在參數前面加上 2 個星號（**），傳入的引數會視為一組字典（dict）。下列程式將示範在函數中傳入不定個數的引數：

範例程式 para.py ▶ 呼叫函數 - 傳入不定個數的引數

```
01  def square_sum(*arg):
02      ans=0
03      for n in arg:
04          ans += n*n
05      return ans
06
07  ans1=square_sum(1)
08  print('1*1=',ans1)
09  ans2=square_sum(1,2)
10  print('1*1+2*2=',ans2)
11  ans3=square_sum(1,2,3)
12  print('1*1+2*2+3*3=',ans3)
13  ans4=square_sum(1,3,5,7)
14  print('1*1+3*3+5*5+7*7=',ans4)
15
16  def progname(**arg):
17      return arg
18
19  print(progname(d1='python', d2='java', d3='visual basic'))
```

執行結果

```
1*1= 1
1*1+2*2= 5
1*1+2*2+3*3= 14
1*1+3*3+5*5+7*7= 84
{'d1': 'python', 'd2': 'java', 'd3': 'visual basic'}
```

程式解說

- 第 1 ～ 5 行：如果事先不知道要傳入的引數個數，可以在定義函數時在參數前面加上一個星號（*），表示該參數接受不定個數的引數，傳入的引數會視為一組元組（tuple）。

- 第 16 ～ 17 行：參數前面加上 2 個星號（**），傳入的引數會視為一組字典。

下一個例子將示範函數包含有一般參數與不確定個數的參數，這類函數的設計必須將不確定個數的參數放在最右邊。請看以下的例子：

範例程式 **para1.py** ▶ 函數包含有一般參數與不確定個數的參數

```
01  def dinner(mainmeal, *sideorder):
02      # 列出所點餐點的主餐及點心副餐
03      print(' 所點的主餐為 ',mainmeal,' 所點的副餐點心包括 :')
04      for snack in sideorder:
05          print(snack)
06
07  dinner(' 鐵板豬 ',' 烤玉米 ')
08  dinner(' 泰式火鍋 ',' 德式香腸 ',' 香焦牛奶 ',' 幸運餅 ')
```

執行結果

```
所點的主餐為 鐵板豬 所點的副餐點心包括:
烤玉米
所點的主餐為 泰式火鍋 所點的副餐點心包括:
德式香腸
香焦牛奶
幸運餅
```

程式解說

◆ 第 1 ～ 5 行：在定義函數時該函數包含有一般參數與不確定個數的參數，在參數前面加上一個星號（*），表示該參數接受不定個數的引數，傳入的引數會視為一組元組（tuple）。

◆ 第 7 ～ 8 行：以不同的引數個數呼叫函數。

7-1-5 關鍵字引數

由於 Python 的引數傳入的方式有分「位置引數」（position argument）與「關鍵字引數」（keyword argument）兩種方式，預設方式則是以「位置引數」

為主,主要特點是傳入的引數個數與先後順序,簡單來說,如果是第一個引數,丟出去的資料,只能讓排第一個參數來接收,依此類推。

至於關鍵字引數呼叫函數時,會直接以引數所對應的參數名稱來進行傳值,如果位置引數與關鍵字引數混用必須確保位置引數必須在關鍵字引數之前,而且每個參數只能對應一個引數。在此我們實例以一個程式例子來加以說明,例如:keyword.py

```
def equation(x,y,z):
    ans = x*y+z*x+y*z
    return ans

print(equation(z=1,y=2,x=3))
print(equation(3, 2, 1))
print(equation(x=3, y=2 , z=1))
print(equation(3, y=2 , z=1))
```

執行結果

```
11
11
11
11
```

從執行結果來看,各位可以看出這 4 種不同的關鍵字引數或混合位置引數與關鍵字引數的呼叫方式其執行結果值都一致,例如下式就是種錯誤的參數設定方式:

```
equation (2, x=3, z=1)
```

上式第一個位置引數是傳入給參數 x,第 2 個引數又指定參數 x,這種重複指定相同參數的值時,就會發生錯誤,所以使用上要特別留意。

7-1-6 變數的有效範圍

所謂變數的有效範圍（scope）依據變數所在的位置來決定，並且用來決定在程式中有哪些指令（Statement）可以合法使用與存取這個變數。Python 中變數的有效範圍可分為兩種層次：「區域變數」（Local variable）、「全域變數」（Global variable）。

■ **區域變數（Local variable）**：是指宣告在函數之內的變數，它的有效範圍只在宣告的函數區塊中，其他函數都不可以使用該變數。例如：

```
def product():
    number_1=33
    number_2=11
    return number_1*number_2
```

上例中所宣告在函數 product () 內的變數 number_1、number_2 就是區域變數，僅供函數 product () 使用。

■ **全域變數（Global variable）**：是指宣告函數之外的變數，全域變數在整個程式的任何指令都可以合法使用該變數，大部分的變數都屬於這種變數，有效範圍涵蓋整個 Python 程式檔案。例如：

```
score=15
def total(a,b):
    return a+b+ score

score_1=70
score_2=86
print(' 成績 1+ 成績 2+ 全班加分 =',total(score_1,score_2))
```

在這個範例裡 score 是一個全域變數，因此它可以被函數 total() 直接拿來使用，也可供主函數使用。要注意一點就是如果在宣告變數時全域變數和區域變數同名的話，Python 會讓程式以區域變數為主。

7-1-7 lambda 函數

lambda 函數是一種新型態的程式語法，其主要目的是為了簡化程式，增強效能，或稱為匿名函數（anonymous function）。通常一般函數需要給定函數名稱，但是 lambda 並不需要替函數命名，其語法如下：

```
lambda 參數串列, ... : 運算式
```

其中運算式之前的冒號「:」不能省略，運算式不能使用 return 指令與程式區塊。例如以下程式範例是將 add() 函數宣告為 lambda，並計算兩數的和。

範例程式 **lambda.py** ▶ **lambda 宣告與使用範例**

```
01  total=lambda a,b:a+b
02  num1=0
03  num2=0
04  num1=int(input(' 輸入數值 1:'))
05  num2=int(input(' 輸入數值 2:'))
06  print(' 數值 1+ 數值 2 =',total(num1,num2))
```

執行結果

```
輸入數值 1:6
輸入數值 2:5
數值 1+數值 2 = 11
```

程式解說

◆ 第 1 行：使用 lambda 函數定義函數，將所傳入的引數相加後回傳。

◆ 第 6 行：呼叫 lambda 函數，則該函數會自動呼叫。

7-2 參數傳遞模式

函數中參數傳遞的功用是將主程式中呼叫函數的引數值，傳遞給函數的參數，首先各位要了解 Python 並不像其他語言（如 C、C++ 等）可以自行選擇參數傳遞的方式，而是利用所傳遞的參數是屬於可變和不可變物件來判斷，又可以分為「傳值呼叫」（call by value）、「傳址呼叫」（call by address），我們來說明如下：

7-2-1 傳值呼叫

「傳值呼叫」是表示在呼叫函數時，會將引數的值一一地複製給函數的參數，因此在函數中對參數的值作任何的更動，都不會影響到原來的引數，Python 中當所傳遞的引數如果是一種不可變物件（Immutable Object），例如數值、字串、元組（tuple）時，Python 就會視為一種「傳值」呼叫模式。

接下來我們利用以下範例來說明傳值呼叫的基本方式，目的在於將兩個變數的內容傳給函數 swap_test() 以進行交換，不過由於變數是屬於數值，所以經過交換後並不會針對引數本身作修改。

```
01   def swap_test(x,y):
02       print(' 函數內交換前：x=%d, y=%d' %(x,y))
03       x,y=y,x # 交換過程
04       print(' 函數內交換前：x=%d, y=%d' %(x,y))
05
06   a-10
07   b=20 # 設定 a,h 的初值
08   print(' 函數外交換前：a=%d, b=%d' %(a,b))
09   swap_test(a,b) # 函數呼叫
10   print(' 函數外交換後：a=%d, b=%d' %(a,b))
```

執行結果

```
函數外交換前：a=10，b=20
函數內交換前：x=10，y=20
函數內交換前：x=20，y=10
函數外交換後：a=10，b=20
```

程式解說

◆ 第 3 行：x 與 y 數值的交換過程。

◆ 第 6 ～ 7 行：設定 a、b 的初值。

◆ 第 9 行：函數呼叫指令。

7-2-2 傳址呼叫

傳址呼叫是表示在呼叫函數時，系統並沒有另外分配實際的位址給函數的形式參數，而是將參數的位址直接傳遞給所對應的引數，Python 中當所傳遞的引數如果是一種可變物件（Mutable Object），例如串列（list）、字典（dict）、集合（set）等，在函數內如果可變物件被修改內容值，因為佔用同一位址，會連動影響函數外部的值。

以下程式範例是設計一 exchange() 函數，以傳址呼叫方式將串列（list）參數的值互相交換，最後主程式中串列參數的值也會隨之改變。

範例程式 **exchange() 函數的傳址呼叫宣告與實作**

```
01  def exchange(num):
02      num[0],num[1]=num[1],num[0]  # 交換兩數過程
03
04  print(" 請輸入兩個數值： ")
05  num=[]
06  num.append(int(input()))
07  num.append(int(input()))
```

```
08   print('num[0]=',num[0])
09   print('num[1]=',num[1])
10   exchange(num)
11   print('------------- exchange() 函數交換 ----------------')
12   print('num[0]=',num[0])
13   print('num[1]=',num[1])
```

執行結果

```
請輸入兩個數值：
3
7
num[0]= 3
num[1]= 7
------------- exchange()函數交換 ----------------
num[0]= 7
num[1]= 3
```

程式解說

◆ 第 1 ～ 2 行：將傳入參數內串列資料型態的第一個數值與第二個數值交換。

◆ 第 6 ～ 7 行：由主程式中取得兩個數值。

◆ 第 10 行：呼叫 exchange() 函數，並傳遞參數位址給該函數。

7-3 常見 Python 內建函數

Python 本身就內建許多的函數，本節將為各位整理出 Python 中較為常用且相當實用的內建函數，包括數值函數、字串函數及與日期相關函數。

7-3-1 數值函數

下表列出 Python 與數值運算有關的內建函數。

名稱	說明
int(x)	轉換為整數型別
bin(x)	轉整數為二進位,以字串回傳
hex(x)	轉整數為十六進位,以字串回傳
oct(x)	轉整數為八進位,以字串回傳
float(x)	轉換為浮點數型別
abs(x)	取絕對值,x 可以是整數、浮點數或複數
divmod(a,b)	a // b 得商,a % b 取餘數,a、b 為數值
pow(x,y [, z]))	如果沒有 z 參數,x ** y,傳回值為 x 的 y 次方。如果有 z 參數,其意義為 x 的 y 次方除以 z 的餘數
round(x [,y])	如果沒有 y 參數,將數值四捨六入,也就是 4(含)以下捨去,6(含)以上進位。如果為 5,則視前一位數來決定,如果前一位為偶數則將 5 捨去,如果前一位為奇數則將 5 進位。如果有 y 參數則是用來設定有幾位小數
chr(x)	取得 x 的字元
ord(x)	傳回字元 x 的 unicode 編碼
str(x)	將數值 x 轉換為字串
sorted(list [,reverse=True|False)	將串列 list 由小到大排序,其中 reverse 參數預設值為 False,預設會由小到大排序,但是如果 reverse 參數設定為 True,則會由大到小排序
max(參數列)	取最大值
min(參數列)	取最小值
len(x)	回傳元素個數
sum(list)	將串列中所有數值進行加總

上述的 pow 函數除了可以進行指數運算外，也可以用來計算餘數，下例分別為 pow() 函數的兩種用法：

```
pow(2,3)  # 輸出的結果值為 8
pow(2,4,5)  # 輸出的結果值為 16 除以 5 的餘數，結果值為 1
```

另外補充的是 divmod(a,b) 函數，其回傳值分別為商數及餘數，並以元組（tuple）資料型態來儲存這兩個結果值，例如：

```
result=divmod(100,7)
print('100 除以 7 的商為 =',result[0])  # 輸出 14
print('100 除以 7 的商為 =',result[1])  # 輸出 2
```

以下程式範例將示範如何用 divmod() 函數來計算班遊剩餘款項，平均每位出遊者可以退費多少錢，又剩多少錢可以存入班費的共同基金。

範例程式 **fee.py ▶ divmod() 函數的生活應用實例**

```
01   money=int(input('請輸入班遊剩餘的金額:'))
02   num=int(input('請輸入這次出遊的總人數:'))
03   ans=divmod(money,num)
04   print('每一位同學的平均退費為 ',ans[0],'元')
05   print('剩餘可以存入班費共同基金為 ',ans[1],'元')
```

執行結果

```
請輸入班遊剩餘的金額:958
請輸入這次出遊的總人數:12
每一位同學的平均退費為 79 元
剩餘可以存入班費共同基金為  10 元
```

程式解說

◆ 第 3 行：divmod(a,b) 函數，其回傳值分別為商數及餘數，並以元組（tuple）資料型態來儲存這兩個結果值。

至於 round() 函數的範例如下：

```
print(round(6.4))
print(round(6.5))
print(round(3.5))
print(round(7.8))
print(round(7.837,2))
print(round(7.835,2))
print(round(7.845,2))
print(round(7.845,1))
```

執行結果

```
6
6
4
8
7.84
7.83
7.84
7.8
```

以下程式範例將示範各種常用數值函數的使用範例。

範例程式 **value.py** ▶ 數值函數的使用範例

```
01  print('int(9.6)=',int(9.6))
02  print('bin(20)=',bin(20))
03  print('hex(66)=',hex(66))
04  print('oct(135)=',oct(135))
05  print('float(70)=',float(70))
06  print('abs(-3.9)=',abs(-3.9))
07  print('chr(69)=',chr(69))
08  print('ord(\'%s\')=%d' %('D',ord('D')))
09  print('str(543)=',str(543))
```

```
int(9.6)= 9
bin(20)= 0b10100
hex(66)= 0x42
oct(135)= 0o207
float(70)= 70.0
abs(-3.9)= 3.9
chr(69)= E
ord('D')=68
str(543)= 543
```

程式解說

◆ 第 1～9 行：各種數值函數的使用語法範例。

接下來的例子將應用 sum、sorted、max、min 及 round 等函數來協助計算各次數學小考的成績，並將各次小考的成績進行加總及平均，再以 round() 函數取平均分數到小數點後 1 位，同時也由小到大排序所有的小考分數。

範例程式 **math.py** ▶ 統計各次數學小考的重要數據

```
01  score=[97,76,89,76,90,100,87,65]
02  print('本學期總共考過的數學小考次數 ', len(score))
03  print('所有成績由小到大排序的結果為：{}'.format(sorted(score)))
04  print('本學期所有分數的總和 ', sum(score))
05  print('本學期所有分數的平均 ', round(sum(score)/len(score),1))
06  print('本學期考最差的分數為 ', min(score))
07  print('本學期考最好的分數為 ', max(score))
```

執行結果

```
本學期總共考過的數學小考次數 8
所有成績由小到大排序的結果為：[65, 76, 76, 87, 89, 90, 97, 100]
本學期所有分數的總和 680
本學期所有分數的平均 85.0
本學期考最差的分數為 65
本學期考最好的分數為 100
```

程式解說

◆ 第 1 行：各次分數以串列資料型態來加以儲存。

◆ 第 3 行：sorted 函數預設由小到大排序。

7-3-2 日期與時間函數

接著要介紹一些日期與時間函數，這些函數為 Python 內建的 time、datetime 及 calendar 模組，不過使用這兩個模組前必須使用 import 指令進行匯入，例如：

```
>>>import time
>>>import calendar
```

🤖 time 模組

在 Python 中，通常有這幾種方式來表示時間：(1) 時間戳 (2) 格式化的時間字串 (3) 元組（struct_time）共九個元素。Python 的時間是以 tick 為單位，即百萬分之一秒，或簡稱為微秒。時間戳表示的是從 1970 年 1 月 1 日 00:00:00 開始按零時開始到現在所經歷的秒數，精確度到小數點後 6 位的浮點數。返回時間戳方式的函式主要有 time()、clock() 等。例如：

```
>>> time.time()
1564218648.1744287
```

struct_time 元組共有 9 個元素，返回 struct_time 的函式主要有 gmtime()、localtime()、strptime()。下面列出這種方式元組中的幾個元素：

索引值	屬性	值（Values）
0	tm_year（年）	例如 2019
1	tm_mon（月）	1 –12
2	tm_mday（日）	1 – 31
3	tm_hour（時）	0 – 23

索引值	屬性	值（Values）
4	tm_min（分）	0 – 59
5	tm_sec（秒）	0 – 61
6	tm_wday（weekday）	0 – 6（0 表示週日）
7	tm_yday（一年中的第幾天）	1 – 366
8	tm_isdst（是否是夏令時）	預設為 -1

1. time.localtime([secs])：將一個時間戳轉換為當前時區的 struct_time。secs 引數如果省略，則以當前時間為準。例如：

```
>>> time.localtime()
time.struct_time(tm_year=2019, tm_mon=7, tm_mday=27, tm_hour=17, tm_min=12,
tm_sec=11, tm_wday=5, tm_yday=208, tm_isdst=0)
```

2. 但是如果要將一個 struct_time 轉化為時間戳，則可以利用 time.mktime(t) 函數，例如：

```
>>> time.mktime(time.localtime())
1564218956.0
```

3. 另外，time.asctime([t]) 則是把一個表示時間的元組或者 struct_time 表示為這種形式：'Sat Jul 27 17:19:25 2019'。如果沒有引數，將會把 time.localtime() 作為引數傳入。例如：

```
>>> time.asctime()
'Sat Jul 27 17:19:25 2019'
```

4. time.ctime([secs])：把一個時間戳（按秒計算的浮點數）轉化為類似 'Sat Jul 27 17:19:25 2019' 的形式。例如：

```
>>> time.ctime()
'Sat Jul 27 17:21:29 2019'
>>> time.ctime(time.time())
'Sat Jul 27 17:21:40 2019'
>>> time.ctime(1304590876)
'Thu May  5 18:21:16 2011'
```

5. 另外要為各位介紹的是 time.strftime(format[, t]) 會根據參數 format 所指定的格式，把一個代表時間的元組或者 struct_time 轉化為格式化的時間字串。格式化符號的功能說明如下：

格式	含義
%a	本地（locale）簡化星期名稱
%A	本地完整星期名稱
%b	本地簡化月份名稱
%B	本地完整月份名稱
%c	本地相應的日期和時間表示
%d	一個月中的第幾天（01－31）
%H	一天中的第幾個小時（24 小時制，00－23）
%I	第幾個小時（12 小時制，01－12）
%j	一年中的第幾天（001－366）
%m	月份（01－12）
%M	分鐘數（00－59）
%p	本地 am 或者 pm 的相應符
%S	秒（01－61）
%U	一年中的星期數。（00－53 星期天是一個星期的開始） 第一個星期天之前的所有天數都放在第 0 周
%w	一個星期中的第幾天（0－6，0 是星期天）
%W	和 %U 基本相同，不同的是 %W 以星期一為一個星期的開始
%x	本地相應日期
%X	本地相應時間
%y	去掉世紀的年份（00－99）
%Y	四位數的西元年
%Z	時區的名稱
%%	'%' 字元

例如：

```
>>> time.strftime("%Y-%m-%d %X", time.localtime())
'2019-07-27 17:29:01'
>>> time.strptime('2020-06-23 15:42:08', '%Y-%m-%d %X')
time.struct_time(tm_year=2020, tm_mon=6, tm_mday=23, tm_hour=15, tm_
min=42, tm_sec=8, tm_wday=1, tm_yday=175, tm_isdst=-1)
```

6.　在實際撰寫程式的過程中，有時會需要計算兩個動作或事件間的時間經過了多久，這個時候就可以使用時間套件中 perf_counter() 或 process_time() 來取得程式執行的時間。較舊版本的 time.clock() 會以浮點數計算的秒數返回當前的 CPU 時間。Python 3.3 以後的版本，建議使用 perf_counter() 或 process_time() 代替。例如：

```
>>> time.perf_counter()
85008.056636708
>>> time.process_time()
1.828125
```

7.　最後介紹的是 sleep(n) 這個函數，它可以讓程式停止傳入 n 秒。單位為秒。例如：

```
>>> time.sleep(3) # 會讓程式暫停 3 秒
```

🍡 calendar 模組

這個模組可以取得日曆相關資訊，例如傳回一週的第一個工作天，將一週的第一個工作天設定為參數所指定的日子，另外還可以用來判斷指定年是否為閏年，也可以取得某一年的口曆資訊，接著將介紹 calendar 模組內各種函數的功能。

1. calendar.weekday(year, month, day)：傳回所指定年月日的日期是星期幾，
   0 ～ 6 分別代表星期一到星期六。例如以下指令的傳回值為 5，表示該日期
   為星期六。

```
>>> calendar.weekday(2019, 7, 27)
5
```

2. calendar.calendar(year)：會傳回所指定參數 year 年份的日曆，指令用法如下：

```
>>> print(calendar.calendar(2000)
```

```
               January                        February                        March
Mo Tu We Th Fr Sa Su          Mo Tu We Th Fr Sa Su          Mo Tu We Th Fr Sa Su
                   1  2                      1  2  3  4  5  6             1  2  3  4  5
 3  4  5  6  7  8  9           7  8  9 10 11 12 13           6  7  8  9 10 11 12
10 11 12 13 14 15 16          14 15 16 17 18 19 20          13 14 15 16 17 18 19
17 18 19 20 21 22 23          21 22 23 24 25 26 27          20 21 22 23 24 25 26
24 25 26 27 28 29 30          28 29                         27 28 29 30 31
31

                April                           May                           June
Mo Tu We Th Fr Sa Su          Mo Tu We Th Fr Sa Su          Mo Tu We Th Fr Sa Su
                   1  2        1  2  3  4  5  6  7                    1  2  3  4
 3  4  5  6  7  8  9           8  9 10 11 12 13 14           5  6  7  8  9 10 11
10 11 12 13 14 15 16          15 16 17 18 19 20 21          12 13 14 15 16 17 18
17 18 19 20 21 22 23          22 23 24 25 26 27 28          19 20 21 22 23 24 25
24 25 26 27 28 29 30          29 30 31                      26 27 28 29 30

                 July                          August                      September
Mo Tu We Th Fr Sa Su          Mo Tu We Th Fr Sa Su          Mo Tu We Th Fr Sa Su
                   1  2           1  2  3  4  5  6                       1  2  3
 3  4  5  6  7  8  9           7  8  9 10 11 12 13           4  5  6  7  8  9 10
10 11 12 13 14 15 16          14 15 16 17 18 19 20          11 12 13 14 15 16 17
17 18 19 20 21 22 23          21 22 23 24 25 26 27          18 19 20 21 22 23 24
24 25 26 27 28 29 30          28 29 30 31                   25 26 27 28 29 30
31

               October                        November                      December
Mo Tu We Th Fr Sa Su          Mo Tu We Th Fr Sa Su          Mo Tu We Th Fr Sa Su
                      1                   1  2  3  4  5                    1  2  3
 2  3  4  5  6  7  8           6  7  8  9 10 11 12           4  5  6  7  8  9 10
 9 10 11 12 13 14 15          13 14 15 16 17 18 19          11 12 13 14 15 16 17
16 17 18 19 20 21 22          20 21 22 23 24 25 26          18 19 20 21 22 23 24
23 24 25 26 27 28 29          27 28 29 30                   25 26 27 28 29 30 31
30 31
```

3. 如果要判斷指定參數年是否為閏年，使用 calendar.isleap(year) 函數，例如：

```
>>> calendar.isleap(2000)
True
```

```
>>> calendar.isleap(2020)
True
>>> calendar.isleap(1900)
False
```

4. 另外也以使用 calendar 取得某一指定月份的日曆、設定日曆的第一天，接下來的範例，筆者也會除了上述講的三個重要函數外，幾個 calendar 模組常用的函數。

```
>>> print(calendar.month(2020, 1))
```

```
    January 2020
Mo Tu We Th Fr Sa Su
       1  2  3  4  5
 6  7  8  9 10 11 12
13 14 15 16 17 18 19
20 21 22 23 24 25 26
27 28 29 30 31
```

```
>>> import calendar
>>> calendar.setfirstweekday(calendar.SUNDAY)  # 設定日曆的第一天
>>> cal = calendar.month(2020, 3)
>>> print(cal)
```

```
     March 2020
Su Mo Tu We Th Fr Sa
 1  2  3  4  5  6  7
 8  9 10 11 12 13 14
15 16 17 18 19 20 21
22 23 24 25 26 27 28
29 30 31
```

datetime 模組

datetime 模組除了顯示日期時間之外，還可以進行日期時間的運算以及進行格式化，使用前必須以 import 指令匯入，如下所示：

```
>>>import datetime
```

datetime 模組可以單獨取得日期物件 (datetime.date)，也可以單獨取得時間物件 (datetime.time) 或者兩者一起使用 (datetime.datetime)。常用的函數如下：

1. datetime.date(年 , 月 , 日)　　　　# 取得日期

2. datetime.time(時 , 分 , 秒)　　　　# 取得時間

3. datetime.datetime(年 , 月 , 日 [, 時 , 分 , 秒 , 微秒 , 時區])　# 取得日期時間

4. datetime.timedelta()　　　　　　　# 取得時間間隔

　　例如：

```
>>> import datetime
>>> print(datetime.date(2018,5,25))
2018-05-25
>>> print(datetime.time(13, 56, 46))
13:56:46
>>> print(datetime.datetime(2020, 5, 6, 18, 45, 32))
2020-05-06 18:45:32
>>> print(datetime.timedelta(days=1))
1 day, 0:00:00
```

日期物件 (datetime.date(year, month, day)) 包含年、月、日。常用的方法如下：

方法	說明
datetime.date.today()	取得今天日期
datetime.datetime.now()	取得現在的日期時間
datetime.date.weekday()	取得星期數，星期一返回 0，星期天返回 6。
datetime.date. isoweekday()	取得星期數，星期一返回 1，星期天返回 7。
datetime.date. isocalendar()	返回 3 個元素的元組 tuple，(年 , 週數 , 星期數)。

我們再來看日期物件常用方法及其輸出外觀：**date.py**

```
>>> import datetime
>>> print(datetime.date.today())
2019-07-28
>>> print(datetime.datetime.now())
2019-07-28 16:31:54.112206
>>> print(datetime.date(2019,8,9).weekday())
4
>>> print(datetime.date(2020,7,23).isoweekday())
4
>>> print(datetime.date(2020,5,7).isocalendar())
(2020, 19, 4)
```

以下是日期物件常用的屬性：

date 屬性	說明
datetime.date.min	取得支援的最小日期（0001-01-01）
datetime.date.max	取得支援的最大日期（9999-12-31）
datetime.date().year	取得年，例如 datetime.date(2019,5,10).year #2019
datetime.date().month	取得月，例如 datetime.date(2019,8,24).month #8
datetime.date().day	取得日，例如 datetime.date(2019,8,24).day #24

時間物件常用的屬性如下：

time 屬性	說明
datetime.time.min	取得支援的最小時間（00:00:00）
datetime.time.max	取得支援的最大時間（23:59:59.999999）
datetime.time().hour	取得時，0 <= hour < 24
datetime.time().minute	取得分，0 <= minute < 60
datetime.time().second	取得秒，0 <= second < 60
datetime.time().microsecond	取得微秒，0 <= microsecond < 1000000

我們再來看時間物件常用方法及其輸出外觀：

```
>>> print(datetime.time.min)
00:00:00
>>> print(datetime.time.max)
23:59:59.999999
>>> print(datetime.time(16,32,40).hour)
16
>>> print(datetime.time(16,32,40).minute)
32
>>> print(datetime.time(16,32,40).second)
40
>>> print(datetime.time(16,32,40, 32154).microsecond)
32154
```

7-4 認識演算法

在韋氏辭典中將演算法定義為：「在有限步驟內解決數學問題的程式。」如果運用在計算機領域中，我們也可以把演算法定義成：「為了解決某一個工作或問題，所需要有限數目的機械性或重覆性指令與計算步驟。」當認識了演算法的定義後，我們還要說明描述演算法所必須符合的五個條件：

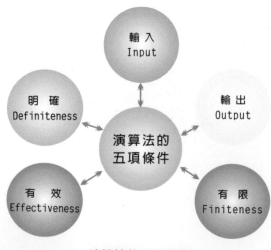

演算法的五項條件

演算法特性	內容與說明
輸入（Input）	0 個或多個輸入資料，這些輸入必須有清楚的描述或定義
輸出（Output）	至少會有一個輸出結果，不可以沒有輸出結果
明確性（Definiteness）	每一個指令或步驟必須是簡潔明確而不含糊的
有限性（Finiteness）	在有限步驟後一定會結束，不會產生無窮迴路
有效性（Effectiveness）	步驟清楚且可行，能讓使用者用紙筆計算而求出答案

7-4-1 演算法的表現方式

　　接著還要思考到該用什麼方法來表達演算法最為適當呢？其實演算法的主要目的是提供給人們閱讀瞭解所執行的工作流程與步驟，演算法則是學習如何解決事情的辦法，只要能夠清楚表現演算法的五項特性即可。常用的演算法有一般文字敘述如中文、英文、數字等，特色是使用文字或語言敘述來說明演算步驟，以下就是一個學生小華早上上學並買早餐的簡單文字演算法：

有些演算法是利用可讀性高的高階語言與虛擬語言（Pseudo-Language）。以下演算法是以 Python 語言來計算所傳入的兩數 x、y 的 x^y 值函數 Pow()：

```python
def Pow(x,y):
    p=1
    for i in range(1,y+1):
        p *=x
    return p
print(Pow(4,3))
```

Tips

虛擬語言（Pseudo-Language）是接近高階程式語言的寫法，也是一種不能直接放進電腦中執行的語言。一般都需要一種特定的前置處理器（preprocessor），或者用手寫轉換成真正的電腦語言，經常使用的有 SPARKS、PASCAL-LIKE 等語言。

流程圖（Flow Diagram）也是一種相當通用的演算法表示法，必須使用某些圖型符號。例如請您輸入一個數值，並判別是奇數或偶數。

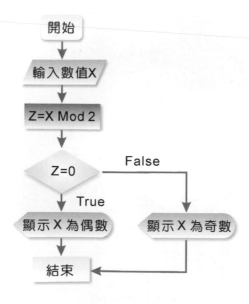

懂得善用演算法,當然是培養程式設計邏輯的重要步驟,本節中將為各位介紹一些近年來相當知名的演算法,能幫助您更加瞭解不同演算法的觀念與技巧,以便日後更有能力分析各種演算法的優劣。

7-4-2 分治法與遞迴函數

分治法(Divide and conquer)是一種很重要的演算法,其核心精神在將一個難以直接解決的大問題依照不同的概念,分割成兩個或更多的子問題,以便各個擊破,分而治之。例如遞迴就是種很特殊的演算法,分治法和遞迴像一對攣生兄弟,都是將一個複雜的演算法問題,讓規模越來越小,最終使子問題容易求解。

從程式語言的角度來說,談到遞迴的正式定義,我們可以這樣形容,假如一個函數或副程式,是由自身所定義或呼叫的,就稱為遞迴(Recursion),它至少要定義 2 種條件,包括一個可以反覆執行的遞迴過程,與一個跳出執行過程的出口。

「遞迴」(Recursion)在程式設計上是相當好用而且重要的概念。使用遞迴函數可使得程式變得相當簡潔,但是設計時必須非常小心,而且概念要非常清楚,因為一不小心就會造成無窮迴圈或導致記憶體的浪費。此外遞迴因為呼叫對象的不同,可以區分為以下兩種:

🕐 直接遞迴

指遞迴函數中,允許直接呼叫該函數本身,稱為直接遞迴(Direct Recursion)。

🕐 間接遞迴

指遞迴函數中,如果呼叫其他遞迴函數,再從其他遞迴函數呼叫回原來的遞迴函數,我們就稱做間接遞迴(Indirect Recursion)。

　　事實上，任何可以用 if-else、for、while 迴圈指令編寫的函數，都可以用遞迴來表示和編寫。例如我們知道階乘函數是數學上很有名的函數，對遞迴式而言，也可以看成是很典型的範例。3 階乘等於 3×2×1=6，而 0 階乘則定義為 1。我們一般以符號 " ！" 來代表階乘。如 4 階乘可寫為 4!。

　　任何問題想以遞迴式來表示，一般需要符合兩個條件：一個反覆的過程，以及一個跳出執行的缺口。秉持這兩個原則，n! 可以寫成：

```
n!=n×(n-1)*(n-2)……*1
```

　　各位可以進一步分解它的運算過程，觀察出一定的規律性：

```
5! = (5 * 4!)
   = 5 * (4 * 3!)
   = 5 * 4 * (3 * 2!)
   = 5 * 4 * 3 * (2 * 1)
   = 5 * 4 * (3 * 2)
   = 5 * (4 * 6)
   = (5 * 24)
   = 120
```

　　以下程式範例為計算 n! 的遞迴程式。

範例程式 **fac.py** ▶ **請設計一個計算 n! 的遞迴程式**

```
01  def factorial(i):
02      if i==0:
03          return 1
04      else:
05          ans=i * factorial(i-1)   # 反覆執行的遞迴過程
06      return ans
07
08  n=int(input('請輸入要計算的階乘數值：'))
09  print('%d!=%d' %(n,factorial(n)))
```

執行結果

```
請輸入要計算的階乘數值： 5
5!=120
```

7-4-3 動態規劃法

動態規劃法（Dynamic Programming Algorithm, DPA）類似分治法，由 20 世紀 50 年代初美國數學家 R. E. Bellman 所發明，動態規劃法主要的做法是如果一個問題答案與子問題相關的話，就能將大問題拆解成各個小問題，其中與分治法最大不同的地方是可以讓每一個子問題的答案被儲存起來，以供下次求解時直接取用。這樣的作法不但能減少再次需要計算的時間，並將這些解組合成大問題的解答，故使用動態規劃則可以解決重覆計算的缺點。

例如前面費伯那序列是用類似分治法的遞迴法，首先看看費伯那序列的基本定義：

$$F_n = \begin{cases} 0 & n=0 \\ 1 & n=1 \\ F_{n-1}+F_{n-2} & n=2,3,4,5,6\cdots\cdots（n\ 為正整數） \end{cases}$$

從費伯那序列的定義，也可以嘗試把它設計轉成遞迴形式：

```python
def fib(n): # 定義函數 fib()
    if n==0 :
        return 0 # 如果 n=0 則傳回 0
    elif n==1 or n-=2:
        return 1
    else:    # 否則傳回 fib(n-1)+fib(n-2)
        return (fib(n-1)+fib(n-2))
```

範例程式 **fib.py** ▶ 請設計一個計算第 **n** 項費伯那序列的遞迴程式

```
01  def fib(n): # 定義函數 fib()
02      if n==0 :
03          return 0 # 如果 n=0 則傳回 0
04      elif n==1 or n==2:
05          return 1
06      else:    # 否則傳回 fib(n-1)+fib(n-2)
07          return (fib(n-1)+fib(n-2))
08
09  n=int(input(' 請輸入所要計算第幾個費氏數列 :'))
10  for i in range(n+1):# 計算前 n 個費氏數列
11      print('fib(%d)=%d' %(i,fib(i)))
```

執行結果

```
請輸入所要計算第幾個費式數列:10
fib(0)=0
fib(1)=1
fib(2)=1
fib(3)=2
fib(4)=3
fib(5)=5
fib(6)=8
fib(7)=13
fib(8)=21
fib(9)=34
fib(10)=55
```

如果改用動態規劃寫法，已計算過資料而不必計算，也不會往下遞迴，會達到增進效能的目的，例如我們想求取第 4 個費伯那數 Fib(4)，它的遞迴過程可以利用以下圖形表示：

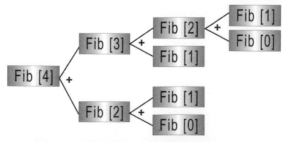

費伯那序列的遞迴執行路徑圖

從路徑圖中可以得知遞迴呼叫 9 次，而執行加法運算 4 次，Fib(1) 與 Fib(0) 共執行了 3 次，浪費了執行效能，我們依據動態規劃法的精神，演算法可以修改如下：

```
output=[None]*1000   #fibonacci 的暫存區
def Fibonacci(n):
    result=output[n]

    if result==None:
        if n==0:
            result=0
        elif n==1:
            result=1
        else:
            result = Fibonacci(n - 1) + Fibonacci(n - 2)
        output[n]=result
    return result
```

範例程式 **fib1.py** ▶ **請以動態規劃法設計計算第 n 項費伯那序列的遞迴程式**

```
01  output=[None]*1000   #fibonacci 的暫存區
02
03  def Fibonacci(n):
04      result=output[n]
05
06      if result==None:
07          if n==0:
08              result=0
09          elif n==1:
10              result=1
11          else:
12              result = Fibonacci(n - 1) + Fibonacci(n - 2)
13          output[n]=result
14      return result
15
16
17  n=int(input(' 請輸入所要計算第幾個費氏數列:'))
18  for i in range(n+1):# 計算前 n 個費氏數列
19      print('Fibonacci(%d)=%d' %(i,Fibonacci(i)))
```

執行結果

```
請輸入所要計算第幾個費式數列:10
Fibonacci(0)=0
Fibonacci(1)=1
Fibonacci(2)=1
Fibonacci(3)=2
Fibonacci(4)=3
Fibonacci(5)=5
Fibonacci(6)=8
Fibonacci(7)=13
Fibonacci(8)=21
Fibonacci(9)=34
Fibonacci(10)=55
```

7-4-4 疊代法

疊代法（iterative method）是指無法使用公式一次求解，而須反覆運算，例如用迴圈去循環重複程式碼的某些部分來得到答案。

```python
# 以 for 迴圈計算 n!
def cal(n):
    product = 1
    for i in range(n,0,-1):
        product *= i # product=product*i
    return product
```

7-4-5 氣泡排序法

排序（Sorting）演算法幾乎可以形容是最常使用到的一種演算法，所謂「排序」，就是將一群資料按照某一個特定規則重新排列，使其具有遞增或遞減的次序關係。按照特定規則，用以排序的依據，我們稱為鍵（Key），它所含的值就稱為「鍵值」。基本上，資料在經過排序後，會有下列三點好處：

1. 資料較容易閱讀。

2. 資料較利於統計及整理。

3. 可大幅減少資料搜尋的時間。

每一種排序方法都有其適用的情況與資料種類，接下來我們要介紹的是相當知名的氣泡排序法。氣泡排序法又稱為交換排序法，是由觀察水中氣泡變化構思而成，原理是由第一個元素開始，比較相鄰元素大小，若大小順序有誤，則對調後再進行下一個元素的比較，就彷彿氣泡逐漸由水底冒升到水面上一樣。如此掃瞄過一次之後就可確保最後一個元素是位於正確的順序。接著再逐步進行第二次掃瞄，直到完成所有元素的排序關係為止。

以下排序我們利用 55、23、87、62、16 的排序過程，您可以清楚知道氣泡排序法的演算流程：

由小到大排序：

原始值：

❶ 第一次掃瞄會先拿第一個元素 55 和第二個元素 23 作比較，如果第二個元素小於第一個元素，則作交換的動作。接著拿 55 和 87 作比較，就這樣一直比較並交換，到第 4 次比較完後即可確定最大值在陣列的最後面。

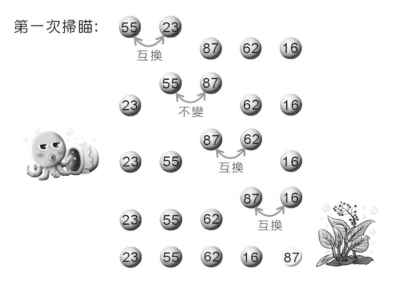

第一次掃瞄：

❷ 第二次掃瞄亦從頭比較起，但因最後一個元素在第一次掃瞄就已確定是陣列最大值，故只需比較 3 次即可把剩餘陣列元素的最大值排到最後面。

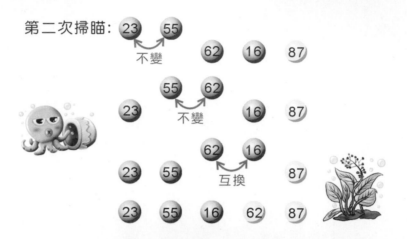

❸ 第三次掃瞄完，完成三個值的排序。

❹ 第四次掃瞄完，即可完成所有排序。

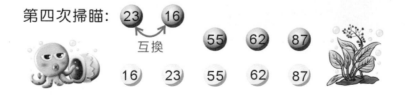

　　由此可知 5 個元素的氣泡排序法必須執行 (5-1) 次掃瞄，第一次掃瞄需比較 (5-1) 次，共比較 4+3+2+1=10 次。

範例程式 **bubble.py** ▶ 請設計一 Python 程式，並使用氣泡排序法來將以下的數列排序

```
16,25,39,27,12,8,45,63
```

```
01  data=[16,25,39,27,12,8,45,63]     # 原始資料
02  print(' 氣泡排序法：原始資料為：')
03  for i in range(len(data)):
04      print('%3d' %data[i],end='')
05  print()
06
07  for i in range(len(data)-1,0,-1): # 掃描次數
08      for j in range(i):
09          if data[j]>data[j+1]:# 比較，交換的次數
10              data[j],data[j+1]=data[j+1],data[j]# 比較相鄰兩數，
                如果第一數較大則交換
11      print(' 第 %d 次排序後的結果是：' %(len(data)-i),end='')
                    # 把各次掃描後的結果印出
12      for j in range(len(data)):
13          print('%3d' %data[j],end='')
14      print()
15
16  print(' 排序後結果為：')
17  for j in range(len(data)):
18      print('%3d' %data[j],end='')
19  print()
```

執行結果

```
氣泡排序法：原始資料為：
 16 25 39 27 12  8 45 63
第 1 次排序後的結果是： 16 25 27 12  8 39 45 63
第 2 次排序後的結果是： 16 25 12  0 27 39 45 63
第 3 次排序後的結果是： 16 12  8 25 27 39 45 63
第 4 次排序後的結果是： 12  8 16 25 27 39 45 63
第 5 次排序後的結果是：  8 12 16 25 27 39 45 63
第 6 次排序後的結果是：  8 12 16 25 27 39 45 63
第 7 次排序後的結果是：  8 12 16 25 27 39 45 63
排序後結果為：
  8 12 16 25 27 39 45 63
```

7-4-6 淺談搜尋法

所謂搜尋（Search）指的是從資料檔案中找出滿足某些條件的記錄之動作，用以搜尋的條件稱為「鍵值」（Key），我們平常在電話簿中找某人的電話，那麼這個人的姓名就成為在電話簿中搜尋電話資料的鍵值。例如大家常使用的 Google 搜尋引擎所設計的 Spider 程式會主動經由網站上的超連結爬行到另一個網站，並收集每個網站上的資訊，並收錄到資料庫中，這就必須仰賴不同的搜尋演算法來進行。

在 Google 中搜尋資料就是一種動態搜尋

如果是以搜尋過程中被搜尋的表格或資料是否異動來分類，搜尋法可以區分為靜態搜尋（Static Search）及動態搜尋（Dynamic Search）。靜態搜尋是指資料在搜尋過程中，該搜尋資料不會有增加、刪除、或更新等行為。而動態搜尋則是指所搜尋的資料，在搜尋過程中會經常性地增加、刪除、或更新，我們下面將簡介兩種常見的搜尋法。

🔘 循序搜尋法

循序搜尋法又稱線性搜尋法，是一種最簡單的搜尋法。它的方法是將資料一筆一筆的循序逐次搜尋。所以不管資料順序為何，都是得從頭到尾走訪過一次。此法的優點是檔案在搜尋前不需要作任何的處理與排序，缺點為搜尋速度較慢。如果資料沒有重覆，找到資料就可中止搜尋的話，在最差狀況是未找到資料，需作 n 次比較，最好狀況則是一次就找到，只需 1 次比較。

我們就以一個例子來說明，假設已存在數列 74,53,61,28,99,46,88，如果要搜尋 28 需要比較 4 次；搜尋 74 僅需比較 1 次；搜尋 88 則需搜尋 7 次，這表示當搜尋的數列長度 n 很大時，利用循序搜尋是不太適合的，它是一種適用在小檔案的搜尋方法。在日常生活中，我們經常會使用到這種搜尋法，例如各位想在衣櫃中找衣服時，通常會從櫃子最上方的抽屜逐層尋找。

在抽屜中逐層找尋東西，也是一種循序搜尋法的應用

範例程式 **seq.py** ▶ 請設計一 Python 程式，以亂數產生 1 ～ 150 間的 80 個整數，並實作循序搜尋法的過程

```
01   import random
02
03   val=0
04   data=[0]*80
05   for i in range(80):
06       data[i]=random.randint(1,150)
07   while val!=-1:
08       find=0
09       val=int(input('請輸入搜尋鍵值 (1-150)，輸入 -1 離開：'))
10       for i in range(80):
11           if data[i]-=val:
12               print('在第 %3d 個位置找到鍵值 [%3d]' %(i+1,data[i]))
13               find+=1
14       if find==0 and val !=-1 :
15           print('###### 沒有找到 [%3d]######' %val)
16   print('資料內容：')
17   for i in range(10):
18       for j in range(8):
19           print('%2d[%3d]   ' %(i*8+j+1,data[i*8+j]),end='')
20       print('')
```

執行結果

```
請輸入搜尋鍵值 (1-150)，輸入 -1 離開：76
######沒有找到 [ 76]######
請輸入搜尋鍵值 (1-150)，輸入 -1 離開：78
在第   26個位置找到鍵值 [ 78]
請輸入搜尋鍵值 (1-150)，輸入 -1 離開：-1
資料內容：
 1[ 71]    2[ 23]    3[ 16]    4[ 52]    5[ 86]    6[ 16]    7[  5]    8[132]
 9[ 43]   10[  6]   11[ 31]   12[128]   13[ 30]   14[  8]   15[ 34]   16[139]
17[ 33]   18[ 84]   19[114]   20[113]   21[ 61]   22[ 15]   23[108]   24[139]
25[108]   26[ 78]   27[ 96]   28[118]   29[ 55]   30[ 55]   31[134]   32[ 54]
33[ 37]   34[  3]   35[120]   36[ 48]   37[103]   38[138]   39[144]   40[122]
41[ 16]   42[146]   43[  6]   44[ 22]   45[ 62]   46[113]   47[104]   48[ 47]
49[ 33]   50[ 57]   51[ 90]   52[135]   53[  1]   54[122]   55[102]   56[ 42]
57[ 23]   58[  1]   59[105]   60[130]   61[136]   62[ 66]   63[ 89]   64[ 96]
65[ 88]   66[ 15]   67[ 84]   68[117]   69[ 88]   70[ 99]   71[ 61]   72[ 65]
73[143]   74[ 19]   75[ 13]   76[ 21]   77[ 47]   78[ 73]   79[130]   80[ 85]
```

二分搜尋法

如果要搜尋的資料已經事先排序好，則可使用二分搜尋法來進行搜尋。二分搜尋法是將資料分割成兩等份，再比較鍵值與中間值的大小，如果鍵值小於中間值，可確定要找的資料在前半段的元素，否則在後半部。如此分割數次直到找到或確定不存在為止。例如以下已排序數列 2、3、5、8、9、11、12、16、18，而所要搜尋值為 11 時：

首先跟第五個數值 9 比較：

數列內容

因為 11 > 9，所以和後半部的中間值 12 比較：

數列內容

因為 11 < 12，所以和前半部的中間值 11 比較：

數列內容	不處理	11	不處理

因為 11=11，表示搜尋完成，如果不相等則表示找不到。

範例程式 **bin.py** ▶ 請設計一 **Python** 程式，以亂數產生 **1 ～ 150** 間的 **80** 個整數，並實作二分搜尋法的過程與步驟

```
01   import random
02
03   def bin_search(data,val):
04       low=0
05       high=49
06       while low <= high and val !=-1:
07           mid=int((low+high)/2)
08           if val<data[mid]:
09               print('%d 介於位置 %d[%3d] 及中間值 %d[%3d]，找左半邊 ' \
10                       %(val,low+1,data[low],mid+1,data[mid]))
11               high=mid-1
12           elif val>data[mid]:
13               print('%d 介於中間值位置 %d[%3d] 及 %d[%3d]，找右半邊 ' \
14                       %(val,mid+1,data[mid],high+1,data[high]))
15               low=mid+1
16           else:
17               return mid
18       return -1
19
20   val=1
21   data=[0]*50
22   for i in range(50):
23       data[i]=val
24       val=val+random.randint(1,5)
25
```

```
26   while True:
27       num=0
28       val=int(input('請輸入搜尋鍵值(1-150)，輸入 -1 結束：'))
29       if val ==-1:
30           break
31       num=bin_search(data,val)
32       if num==-1:
33           print('##### 沒有找到 [%3d] #####' %val)
34       else:
35           print(' 在第 %2d 個位置找到 [%3d]' %(num+1,data[num]))
36
37   print('資料內容：')
38   for i in range(5):
39       for j in range(10):
40           print('%3d-%-3d' %(i*10+j+1,data[i*10+j]), end='')
41       print()
```

執行結果

```
請輸入搜尋鍵值(1-150)，輸入-1結束：58
58 介於位置 1[  1]及中間值 25[ 71], 找左半邊
58 介於中間值位置 12[ 29] 及 24[ 68], 找右半邊
58 介於中間值位置 18[ 44] 及 24[ 68], 找右半邊
58 介於中間值位置 21[ 55] 及 24[ 68], 找右半邊
58 介於位置 22[ 58]及中間值 23[ 63], 找左半邊
在第 22個位置找到 [ 58]
請輸入搜尋鍵值(1-150)，輸入-1結束：69
69 介於位置 1[  1]及中間值 25[ 71], 找左半邊
69 介於中間值位置 12[ 29] 及 24[ 68], 找右半邊
69 介於中間值位置 18[ 44] 及 24[ 68], 找右半邊
69 介於中間值位置 21[ 55] 及 24[ 68], 找右半邊
69 介於中間值位置 23[ 63] 及 24[ 68], 找右半邊
69 介於中間值位置 24[ 68] 及 24[ 68], 找右半邊
##### 沒有找到[ 69] #####
請輸入搜尋鍵值(1-150)，輸入-1結束：-1
資料內容：
  1-1    2-5    3-8    4-10   5-14   6-15   7-17   8-21   9-23  10-25
 11-28  12-29  13-33  14-35  15-36  16-40  17-43  18-44  19-45  20-50
 21-55  22-58  23-63  24-68  25-71  26-72  27-73  28-74  29-75  30-77
 31-78  32-82  33-83  34-86  35-89  36-91  37-92  38-95  39-96  40-98
 41-102 42-106 43-111 44-112 45-116 46-119 47-121 48-122 49-125 50-130
```

★ 課 後 評 量

一、選擇題

1. （　） 下列何者為 Python 的引數傳入的預設方式？

    (A) 位置引數　　(B) 關鍵字引數　(C) 傳址引數　　(D) 傳值引數

2. （　） 下列何者敘述有誤？

    (A) 搜尋（Search）指的是從資料檔案中找出滿足某些條件的記錄之動作

    (B) 遞迴區分為直接遞迴和間接遞迴

    (C「尾歸遞迴」就是程式的最後一個指令為遞迴呼叫

    (D) 用迴圈去循環重複程式碼的某些部分來得到答案是一種分治法

3. （　） 下列何者敘述有誤？

    (A) 使用模組前必須使用 import 指令進行匯入

    (B) time 模組這個模組可以取得日曆相關資訊

    (C) 傳遞的引數如果是一種不可變物件就會視為一種「傳值」呼叫模式

    (D) lambda 並不需要替函數命名

4. （　） 在定義函數時在參數前面加上一個星號（*），表示該參數可以接受不定個數的引數，而所傳入的引數會視為？

    (A) 一組字串（string）　　　　(B) 一組串列（list）

    (C) 一組元組（tuple）　　　　(D) 一組字典（dict）

5. （　） Python 的函數類型不包括？

    (A) 內建函數　　(B) 標準函數庫　(C) 自訂函數　　(D) 商業化函數

二、問答與實作題

1. 請說明使用函數的好處？

2. Python 的函數類型有哪幾種？

3. 演算法必須符合的哪五個條件？

4. 資料在經過排序後，會有什麼好處？

5. 請寫出下列程式的執行結果：

```
def func(a,b,c):
    x = a +b +c
    print(x)

print(func(1,2,3))
```

Chapter

8

模組與套件自訂與應用

Python 自發展以來累積了相當完整的標準函式庫，這些標準函式庫裡包含相當多元實用的模組，相較於模組是一個檔案，套件就像是一個資料夾，用來存放數個模組。除了內建套件外，Python 也支援第三方公司所開發的套件，這項優點不但可以加快程式的開發，也使得 Python 功能可以無限擴充。

8-1 認識模組與套件

模組（module）其實就是一個程式檔（程式檔名 .py）。程式檔中可以撰寫如：函式（function）、類別（class）、使用內建模組或自訂模組以及使用套件等等。

模組（程式檔）名稱 .py

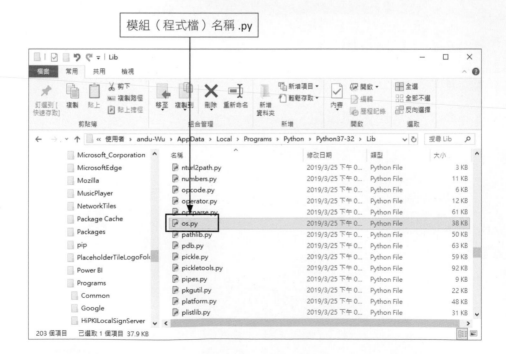

在 Python 安裝路徑下的 Lib 資料夾中可看到程式檔名稱為 os.py,而這就是一個模組,程式檔內容可看到變數的宣告、函式定義以及匯入其他的模組。

套件簡單來說就是由一堆 .py 檔集結而成的。由於模組有可能會有多個檔情況,為了方便管理以及避免與其他檔名產生衝突的情形,將會為這些分別開設目錄也就是建立出資料夾。先來看如下套件的結構:

為了能夠清楚查看,這邊將透過資料夾顯示其結構。json 資料夾中包含許多 .py 檔,其中 __init__.py 其作用在於標記文件夾視為一個套件。基本上若無其他特殊需求,該檔案內容為空即可,若為建立屬於自己的套件時,可自行新增 __init__.py。

Tips ___pycache___ 文件夾的產生以及作用

當我們用 python 撰寫好 .py 檔並第一次執行程式後，可發現 CalculateSalary 之下會生成 ___pycache___ 文件夾，裡面會產生一個 .pyc 檔案。

為什麼會有這部分的產生呢？原因是程式語言會經過編譯、解譯等等步驟，導致程式執行過程中需要花費一些時間，所以在第一次執行的程式經過編解譯步驟後暫時將這部分寫入至 .pyc 檔，於之後執行同一支程式檔時直接進行載入，節省程式執行時所花費的時間。

如程式檔有異動過呢？這部分也很好理解，異動的程式檔執行後，自動會去比對檔案時間新舊，並進行是否需要重新編譯的動作，再寫入 .pyc 檔。

8-1-1 模組的使用

使用模組前必須先使用 import 關鍵字匯入，語法如下：

```
import 模組或套件名稱
```

就以 random 模組為例，它是一個用來產生亂數，如果要匯入該模組，語法如下：

```
import random
```

在模組中有許多函式可供程式設計人員使用，要使用模組中的函數語法如下：

```
import 模組名稱 . 函式
```

例如 random 模組中有 randint()、seed()、choice() 等函式，各位在程式中可以使用 randint()，它會產生 1 到 100 之間的整數亂數：

```
random.randint(1, 100)
```

如果每次使用套件中的函式都必須輸入模組名稱，容易造成輸入錯誤，這時可以改用以下的語法匯入套件後，在程式使用該模組中的函式。語法如下：

```
from 套件名稱 import *
```

以上述的例子來說明，我們就可以改寫成：

```
from random import *
randint(1, 10)
```

萬一模組的名稱過長，這時不妨可以取一個簡明有意義的別名，語法如下：

```
import 模組名稱 as 別名
```

有了別名之後，就可以利用「別名.函數名稱」的方式進行呼叫。例如：

```
import math as m    # 將 math 取別名為 m
print("sqrt(9)= ", m.sqrt(9))    # 以別名來進行呼叫
```

8-2 建立自訂模組

由於 Python 提供相當豐富又多樣的模組，提供開發者能夠不需花費時間再額外去開發一些不同模組來使用。但為何還需要自行定義的模組來使用呢？不能用其提供的內建模組走遍天下嗎？若多經歷過一些專案的開發後，會發現再多的模組都不一定樣樣符合需求，此時便需要針對要求去撰寫出符合的程式以及其邏輯。

8-2-1 建立自訂模組

首先，開啟 Python 直譯器並點選左上角的 File 下拉選單→ New File，畫面上會有多一個空白的程式檔，並可開始撰寫程式。下面就來示範如何建立自訂模組：

範例程式 **CalculateSalary.py** ▶ 自訂模組練習

```
01  # 設置底薪 (BaseSalary)、結案獎金件數 (Case)、職位獎金 (OfficeBonus)
02  BaseSalary = 25000
03  CaseBonus = 1000
04  OfficeBonus = 5000
05
06  # 請輸入職位名稱 (Engineer)、結案獎金金額 (CaseAmount) 變數
07  Engineer = str(input(" 請輸入職位名稱："))
08  Case = int(input(" 請輸入結案案件數 ( 整數 )："))
09
10  # 計算獎金 function
11  def CalculateCase(case, caseBonus):
12      return case * caseBonus
13
14  def CalculateSalary(baseSalary, officeBonus):
15      return baseSalary + officeBonus
16
17  CaseAmount = CalculateCase(Case, CaseBonus)
18  SalaryAmount = CalculateSalary(BaseSalary, OfficeBonus)
19
20  print(" 該工程師薪資：", CaseAmount + SalaryAmount)
```

執行結果

```
請輸入職位名稱：工程師
請輸入結案案件數 (整數)：5
該工程師薪資： 35000
```

Tips

想要查詢模組所在目錄的目錄名列表可匯入 sys 模組，並下 sys.path 指令查詢，基本上會依照目錄名列表查詢模組。儲存時，系統也會自動預設在 Python 安裝時的路徑之下。

8-2-2 名稱空間的功用

　　一個程式檔中最怕與其他匯入的程式檔或當前程式中的變數、函式…等等造成名稱命名上的衝突以及混淆，為了避免造成命名上的衝突，Python 語言就以名稱空間這種機制來加以防範，也就是説，在同一個名稱空間中變數名稱不能重複命名，但是不同的名稱空間則允許有相同的名稱。 事實上，在 Python 模組所建立的變數、函式名稱、類別名稱，其最大範圍就是在模組內，這些所建立的變數、函式名稱、類別名稱就是以模組作為其名稱空間。名稱空間總可分為以下 3 種：

1.　全域性名稱空間（Global）：模組所定義的函式、類別、變數，以及其他匯入的模組皆可在該模組下使用則皆屬於全域性。

2.　區域性名稱空間（Local）：函式或類別其傳入的參數以及內部定義的變數。簡單來説，一旦跳出該函式或類別以外的程式，只要屬於這區域定義皆無法調用。

3.　內建名稱空間（Built-in）：如 input、print、int、list、…等等，皆可在任何一個模組之下調用。

　　以 CalculateSalary.py 來説明：

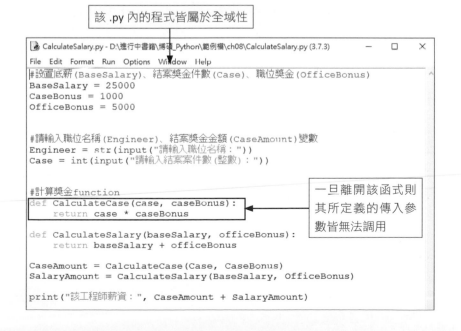

通常匯入的模組使用其函式、變數、…等等其前方皆會加上其模組名稱，例如匯入模組名稱為 test.py，則調用變數 x。為了程式可觀性，如下寫法：

```
test.x
```

以告知其他開發者該變數來源為何，不需擔心與正在撰寫的模組內含有同名稱導致互相衝突。

8-3 常用內建模組

相信大家對模組以及套件都有相當的認識，接著將會介紹其內建模組。Python 標準函式庫提供許多不同功用的模組，供開發者可依照需求進行調用，常用的內建模組：

1.　os 模組：提供與作業系統相關互動功能

2.　sys 模組：提供對直譯器互動或維護變數操作

3.　math 模組：提供較為複雜數學運算的函式，與 cmath 模組相對應

4.　random 模組：可隨機產生亂數或排序

5.　time 模組：提供時間處理以及轉換時間格式

6.　datetime 模組：相較於 time 模組，該模組更有效處理日期時間

7.　calendar 模組：該模組提供的函式皆與日曆有關

除了 Python 提供的內建模組外，也能依照當前需求建立自訂模組提供相關人員使用。

8-3-1 os 模組

該模組功能可用來建立檔案、檔案刪除、異動檔案名等等。相關函式列表如下：

函式	參數	用途
os.getcwd()		取得當前工作路徑
os.rename(src, dst)	src – 要修改的檔名 dst – 修改後的檔名	重新命名檔案名稱
os.listdir(path)	path – 指定路徑	列出指定路徑之下所有的檔案
os.walk(path, topdown)	path – 指定路徑 topdown – 預設 Truc，可排序返回後的資料	以遞迴方式搜尋指定路徑下的所有子目錄以及檔案
os.mkdir(path)	path – 指定路徑	建立目錄
os.rmdir(path)	path – 指定路徑	刪除目錄
os.remove(path)	path – 指定要移除的文件路徑	刪除指定路徑的文件

透過 os 模組提供的函式查詢當下工作目錄路徑：

```
os.getcwd()
```

取得工作目錄的路徑後可在其目錄之下操作類似於查詢 / 新增 / 編輯 / 刪除等等功能。

```
path = os.getcwd()                       # 先查詢目前工作目錄路徑
os.mkdir(path + "\\CreateFolder ")       # 於該路徑之下建立目錄，這邊需注意
                                         #   的是路徑以兩個反斜線 (\\) 區隔
os.rename("CreateFolder", "OldFolder")   # 修改新建立的目錄名稱
os.rmdir(path + "\\OldFolder "           # 透過 rmdir() 函式刪除目錄
```

8-3-2 sys 模組

os 模組提供可針對作業系統相關操作，而 sys 模組則比較傾向於與 Python 直譯器互動。

函式	用途
sys.argv()	可取得外部傳入的參數
sys.modules.keys()	返回已匯入的模組名
sys.modules.values()	返回已匯入的模組引用路徑
sys.modules()	記錄 / 取得所有匯入的模組

在撰寫程式時，經常會遇到需要從程式外部取得傳入的參數，又該如何去接取這部分的傳入參數值呢？這時需要使用到語法如下：

```
sys.argv()
```

範例程式 **GetParam.py** ▶ 取得外部傳入參數

```
01   import sys
02
03   If len(sys.argv) < 0:
04       print(" 尚未有取得外部參數值 ")
05   else:
06       print("Python 版本號：", sys.version)
07       print(" 作業系統：", sys.platform)
08
09       for n in range(len(sys.argv)):
10           print("param：" + str(n), sys.argv[n])
```

執行結果

```
命令提示字元
Microsoft Windows [版本 10.0.17134.885]
(c) 2018 Microsoft Corporation. 著作權所有，並保留一切權利。

C:\Users\User>cd C:\Users\User\AppData\Local\Programs\Python\Python37-32

C:\Users\User\AppData\Local\Programs\Python\Python37-32>python GetParam.py One Two Three
Python版本號： 3.7.4 (tags/v3.7.4:e09359112e, Jul  8 2019, 19:29:22) [MSC v.1916 32 bit (Intel)]
作業系統： win32
param0： GetParam.py
param1： One
param2： Two
param3： Three
```

程式解說

- 第 3 ～ 4 行：為判斷是否有傳入參數，由於外部取得可為多個參數，所以將會取得一個 list（列表），可藉由 len 計算 list 長度。

- 第 5 ～ 10 行：若有傳入參數值，則列印出 Python 版本號以及作業系統，並透過迴圈列印出傳入值。

順帶一提，每當開發者導入新的模組皆會將當前環境加載了哪些模組記錄在 sys.modules，能透過其提供的函式查詢所有的模組名稱：

```
sys.modules.keys()
```

若要查詢某個模組路徑，語法如下：

```
sys.modules[ 模組名稱 ]
```

當不確定是否已有模組記錄在 sys.modules 當中，可透過 in 關鍵字查詢。

```
模組名稱 in sys.modules
```

8-3-3 math 模組

Python 已有支援基本運算子，如：+、-、*、/。而 math 模組將提供許多對於浮點數的數學運算，列舉出比較常用的函式：

函式	參數	用途
math.fabs(x)		x 的絕對值
math.fmod(x, y)		x/y 的餘數
math.pow(x, y)	x、y 皆為數值	x 的 y 次方，同 x**y
math.factorial(x)		x 的階乘
math.isnan(x)		x 若不是數字，則為 True，反之為 False
math.gcd(x, y)		x 和 y 的最大公約數

範例程式 **ExMath.py** ▶ 練習 math 模組函式

```
01  import math
02  x = 10
03  y = -2
04
05  z = math.fabs(x / y)
06  h = math.factorial(z)
07
08  if math.isnan(h) == False:
09      print("計算後數值：", h)
10      print("最大公約數：", math.gcd(h, x))
```

執行結果

```
計算後數值： 120
最大公約數： 10
```

程式解說

◆ 第 2 ～ 3 行：設定 x、y 變數並各別給予值。

◆ 第 5 行：x 除以 y 後的值為負數，透過 fabs() 取得其絕對值並指向變數 z。

◆ 第 6 行：計算 z 的階乘後指向給變數 h。

◆ 第 8 ～ 10 行：判斷 h 是否為數字，若 h 是數字則為 False 並列印其計算後的值以及 h、x 的最大公約數。

8-3-4 random 模組

隨機產生一組亂數在程式當中是相當常見的功能，而在現實中，我們也能常常看到類似這種機制的娛樂性質的遊戲，例如：大樂透，抽籤等等。

函式	參數	用途
random.random()		生成一個 0 ～ 1 的隨機浮點數，即 0 <= n <= 1.0
random.randint(a, b)	a、b 皆為數值	隨機產生指定範圍內的整數
random.uniform(a, b)		隨機產生指定範圍內的浮點數
random.randrange([start], stop[, step])	start – 起始 stop – 終點 step – 遞增間隔	指定範圍內的序列中取得一個亂數
random.choice(seq)	seq – 代表序列	從序列中取得一個隨機元素
random.sample(population, k)	population – 代表序列 k – 長度	從序列中取得 k 指定範圍內的長度的元素
random.shuffle(lis)	lis – 代表序列	序列中隨機排序

雖然是一些較為簡單的功能，不過每個函式各有不同的地方。

- random() / uniform() – 雖然這兩個函式皆為產生一個隨機浮點數值，但 random() 僅提供生成 0 ～ 1 的隨機浮點數，而 uniform() 則可指定範圍內生成隨機浮點數。

- randint()/randrange() – 這兩個函式皆可產生一個隨機整數。而比較有趣的是，randrange() 不但能產生隨機或指定範圍內的整數，也能透過其設定參數指定產生奇數 / 偶數的整數。

範例程式 **ExRandrange.py** ▶ 練習 randrange() 隨機自動產生變數（任一整數 / 基數 / 偶數）

```
01   import random
02
03   print("任一整數：", random.randrange(100))
04
05   print("任一整數：", random.randrange(52, 100))
06
07   print("基數：", random.randrange(1, 100, 2))
08
09   print("偶數：", random.randrange(0, 100, 2))
```

運算思維程式講堂
打好 Python x ChatGPT 基礎必修課

執行結果

```
任一整數  4
任一整數  62
基數  15
偶數  54
```

程式解說

◆ 第 3 行：產生 100 以內的隨機整數。

◆ 第 5 行：產生指定範圍內的隨機整數。

◆ 第 7 行：產生 1 ～ 100 以內且以遞增間隔為 2 的隨機基數。其抽取樣本為 1、3、5、…99。

◆ 第 9 行：產生 0 ～ 100 以內且以遞增間隔為 2 的隨機偶數。其抽取樣本為 0、2、4、…100。

有隨機自動產生亂數函式，自然也就有隨機抽取樣本的函式：

■ **choice()/sample()**：這兩函式非常相似，序列皆支援 list、tuple、字串等等。差異在於，simple() 可指定抽取長度取得多個元素；choice() 僅可抽取一個元素。

■ **shuffle()**：序列中的資料隨機排序。序列僅支援 list。

範例程式 **ExRandomSort.py** ▶ 練習隨機抽取樣本以及序列資料隨機排序

```
01   import random
02   name = [" 小明 ", " 小黃 ", " 小紅 ", " 小綠 ", " 小白 "]
03
04   print(" 抽取一個元素：", random.choice(name))
05
06   print(" 抽取三個元素：", random.sample(name, 3))
07
08   print(" 抽取三個元素：", random.shuffle(name))
```

8-14

```
抽取一個元素： 小白
抽取三個元素： ['小綠', '小明', '小白']
隨機排序： None
```

◆ 第 5 行：僅取得一個隨機抽取元素。

◆ 第 6 行：隨機抽取三個元素。

◆ 第 8 行：該函式可說是將該序列中的排序重新洗牌。

8-3-5 time 模組

在 Python 當中，有關日期時間的處理模組有：time、datetime、calendar。通常表示時間有 3 種表示：

■ **時間戳（timestamp）**：從 1970 年 1 月 1 日 00:00:00 開始按秒計算的偏移量。返回 float 型別：

```
ime.time()
```

■ **格式化時間字串（Format String）**：

- %y 兩位數的年份表示（00-99）

- %Y 四位數的年份表示（000-9999）

- %m 月份（01-12）

- %d 月內中的一天（0 31）

- %H 24 小時制（0-23）

- %I 12 小時制（01-12）

- %M 分鐘（00-59）

- %s 秒（00-59）

- %a/%A 簡化 / 完整星期名稱

- %b/%B 簡化 / 完整月份名稱

- %U 一年中的星期數（00-53），星期天為一星期的開始

- %W 一年中的星期數（00-53），星期一為一星期的開始

- %w 星期（0-6），星期天為一星期的開始

■ **元組（struct_time）**：共有 9 個元素（年、月、日、時、…等等）。

索引（Index）	參數（Attribute）	用途（Values）
0	tm_year（年）	000-9999
1	tm_mon（月）	1-12
2	tm_mday（日）	1-31
3	tm_hour（時）	0-23
4	tm_min（分）	0-59
5	tm_sec（秒）	0-59
6	tm_wday	0-6，（0 代表星期一）
7	tm_yday	1-366，（一年中第幾天）
8	tm_isdst	預設 0，是否為夏令時段

而 time 模組較為常見的函式如下表格：

函式	參數	用途
time.strftime(format[, t])	format – 格式化定義 t - struct_time 型別或 gmtime() 或 localtime() 返回值	時間字串
time.localtime([sec])/ time.gmtime([sec])	sec – 為 struct_time 型別	轉換當前時區的 struct_time
time.strptime(str, format)	str – 字串時間 format – 格式化定義	轉換 struct_time 型別
time.asctime([t])	t - struct_time 型別或 gmtime() 或 localtime() 返回值	轉換成時間形式： 月份 日 時間 年

範例程式 **ExTime.py** ▶ 練習時間轉換格式

```
01  import time
02
03  t = time.time()
04  tLocal = time.localtime (t)
05
06  print(" 轉換時間形式（年 / 月 / 日）：", time.strftime("%Y/%m/%d", tLocal))
07  print(" 轉換時間形式（月份 日 時間 年）：", time. asctime (tLocal))
```

執行結果

```
轉換時間形式(年/月/日)：2019/07/30
轉換時間形式(年/月/日 時:分:秒)：Tue Jul 30 21:43:55 2019
```

程式解說

◆ 第 3 ～ 4 行：將時間戳的格式轉換成 struct_time 格式。

◆ 第 6 ～ 7 行：透過 strftime() 以及 asctime() 轉換易能閱讀的時間形式。

雖然 time 模組能夠提供很多時間上的轉換處理等等,但若要取得年、月等等單一資料則需要做一些轉換處理取得,而這部份可透過 datetime 模組去取得。

> **Tips**
>
> ### datetime 模組
>
> datetime 模組是由 date 及 time 的合集,分成五類:
> - 日期類別 – datetime.date(year, month, day)
> - 時間類別 – datetime.time(hour, minute, second, microsecond, tzinfo)
> - 日期時間類別 – datetime.datetime(year, month, day[, hour, minute, second, microsecond, tzinfo])
> - 時間間隔(即兩個時間點的間隔)– datetime.timedelta([weeks, days, hours, minutes, seconds, microseconds, milliseconds])
> - 時區相關資訊 – datetime.tzinfo
>
> 各類別之下也各有其方法提供開發者進行調用,而該模組所提供的方便性也高於 time 模組功能,若無特別需要使用 time 模組,建議可使用 datetime。

8-3-6 calendar 模組

calendar 模組所提供的類別、函式皆與日曆相關,也提供開發者可針對日期的一些操作以及產生日曆的生成器。

函式	參數	用途
calendar.calendar(year, w=2, l=1, c=6)	year – 年 w – 每日寬度間隔 l – 每星期行數 c – 3 個月一行,其間隔距離 每行長度為 21*w+18+2*c	生成指定年份的日曆

函式	參數	用途
calendar.month(year, month, w=2, l=1)	year – 年 month – 月 w – 每日寬度間隔 l – 每星期行數 每行長度為 7*w+6	生成指定年月份的日曆
calendar.firstweekday()		返回當前每週起始日期設置。星期一為 0，星期日為 6
calendar.setfirstweekday (weekday)	weekday – 星期	設置每週起始日期。星期一為 0，星期日為 6 weekday 可輸入 calendar.MONDAY/TUESDAY/ WEDNESDAY/THURSDAY/FRIDAY/ SATURDAY/SUNDAY
calendar.isleap(year)	year – 年	判斷是否為閏年，是為 True；反之為 False
calendar.leapdays(y1, y2)	y1、y2 – 年	取得 y1、y2 兩年之間的閏年總數

而 calendar 除了本身已有提供一些函式可調用之外，其底下將分成三大類別：

■ calendar.Calendar(firstweekday=0)：提供用於日曆數據進行格式化方法。

■ calendar.TextCalendar(firstweekday=0)：用於生成純本文日曆。

■ calendar.HTMLCalendar(firstweekday=0)：生成 HTML 日曆。

範例程式 **ExCalendar.py** ▶ 列印出 n 年內的某月日曆

```
01  import calendar
02
03  y = int(input("請輸入年份："))
04  m = int(input("請輸入月份："))
```

```
05   ys = int(input("列印 n 年內為閏年的月曆："))
06   notLeap = []
07
08   calendar.setfirstweekday(calendar.SUNDAY)
09
10   for i in range(ys):
11       if calendar.isleap(y+i) == True:
12          print("\n")
13          calendar.prmonth(y+i, m)
14       else:
15          notLeap.append(y+i)
16
17   print("\n 以下非閏年：", notLeap)
18   print("{}到{}期間有幾個閏年 {}".format(y, y+ys, calendar.leapdays(y, y+ys)))
```

執行結果

```
請輸入年份:2010
請輸入月份:7
列印n年內為閏年的月曆:9


      July 2012
Su Mo Tu We Th Fr Sa
 1  2  3  4  5  6  7
 8  9 10 11 12 13 14
15 16 17 18 19 20 21
22 23 24 25 26 27 28
29 30 31


      July 2016
Su Mo Tu We Th Fr Sa
                1  2
 3  4  5  6  7  8  9
10 11 12 13 14 15 16
17 18 19 20 21 22 23
24 25 26 27 28 29 30
31

以下非閏年: [2010, 2011, 2013, 2014, 2015, 2017, 2018]
2010到2019期間有幾個閏年:2
```

8-4 套件管理程式 – pip

除了官方提供的內建程式庫、自訂建立模組外,也能透過其他第三方套件來協助,更降低開發程式的時間。

8-4-1 第三方套件集中地 PyPI

PyPI(Python Package Index,簡稱 PyPI)為 Python 第三方套件集中處,可於網址查看網頁:https://pypi.org。

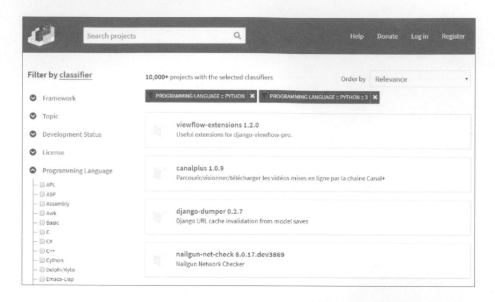

上圖於畫面中查看到搜尋框並輸入想要查詢的套件名稱，亦或者點擊下方 browse projects 按鈕，直接透過分類後的搜尋條件進行瀏覽。

那麼，該如何進行套件安裝呢？點擊套件進入到其詳細內容網頁，左上角會有個 pip install 套件名稱的字樣，接著就可透過 pip 下載套件。

亦提供檔案下載

提供指令可透過 pip 管理工具協助安裝

8-4-2 pip 管理工具

pip（python install package，簡稱 pip）為 Python 標準庫的 package 管理工具，提供查詢、安裝、升級、移除等功能。如果安裝 Python 未有包含 pip 或者未有勾選安裝，直接點擊網址：https://bootstrap.pypa.io/get-pip.py，複製其內容到 Python 直譯器另存新檔，於命令提示字元中切換到 get-pip.py 的目錄再執行：

```
python get-pip.py
```

完成 pip 安裝完成後，開啟命令提示字元取得相關支援指令：

```
pip -help
```

綜合範例

1. 請使用 random 模組裡的 randint 函數來取得隨機整數，以及利用 shuffle 函數將數列隨機洗牌。

```
8 7 1 5 4
['apple', 'bird', 'tiger', 'quick', 'happy']
```

解答 import.py

```
01  import random
02
03  for i in range(5):
04      a = random.randint(1,10)  # 隨機取得整數
05      print(a,end=' ')
06  print()
07  # 給定 items 數列的初始值
08  word = ['apple','bird','tiger','happy','quick']
09  random.shuffle(word)  # 使用 shuffle 函數打亂字的順序
10  print(word)# 將打亂後字依序輸出
```

課後評量

一、選擇題

1. （   ）在撰寫程式時，經常會遇到需要從程式外部取得傳入的參數，又該如何去接取這部分的傳入參數值呢？

    (A) sys.argv()　　　　　　　　　　(B) sys.modules.keys()

    (C) sys.modules.values()　　　　　(D) sys.modules()

2. （   ）完成 pip 安裝完成後，開啟命令提示字元取得相關支援指令？

    (A) pip -h　　　　　　　　　　　　(B) pip -quit

    (C) pip -answer　　　　　　　　　(D) pip -help

3. （   ）可以用來取得 y1、y2 兩年之間的閏年總數的函式為？

    (A) calendar.calendar()　　　　　(B) calendar.isleap()

    (C) calendar.leapdays()　　　　　(D) calendar.firstweekday()

4. （   ）walk() 是以遞迴方式搜尋底下所有檔案 / 文件，其返回的元組不包括？

    (A) root　　　　　(B) dirs　　　　　(C) groups　　　　　(D) files

5. （   ）關於 os 模組功能的說明何者不正確？

    (A) os.getcwd() 取得當前工作路徑

    (B) os.rename(src, dst) 重新命名檔案名稱

    (C) os.listdir(path) 列出指定路徑之下所有的檔案

    (D) os.rmdir(path) 建立目錄

二、問答與實作題

1. 名稱空間總可分為以下 3 種？

2. 請舉出至少五種常用的內建模組。

3. 試比較 random() 及 uniform() 兩者間的異同？

4. 試比較 choice() 及 sample() 兩者間的異同？

5. datetime 模組是由 date 及 time 的合集，可分成哪五類？

MEMO

Chapter

9

視窗程式設計

在視窗模式下，使用者的操作是經由事件（event）的觸發與視窗程式溝通，使用圖形方式顯示使用者操作介面（Graphical User Interface, GUI），使用者在操作時只需要移動滑鼠游標，點選另一個被賦予功能的圖形，即可執行相對應已設計好的程序，如此達到操作程式的目的。例如右圖就是一種圖形使用者介面。

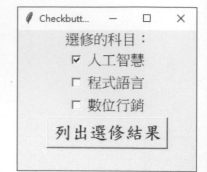

9-1 建立視窗

Python 提供了多種套件來幫助程式人員開發圖形化的視窗應用程式，例如 tkinter、wxPython、PyQt、Kivy、PyGtk 等。本章內容將會以 Python 所提供的 GUI tkinter（Tool Kit Interface）套件為主，tkinter 套件是一種內建標準模組。

9-1-1 匯入 tkinter 套件

要使用 tkinter 套件之前，必須先匯入模組，為了簡化後續程式的撰寫工作，也可以為套件名稱取一個別名。語法如下：

```
import tkinter as tk    # 為套件名稱取一個別名
```

GUI 介面的最外層是一個視窗物件，稱為主視窗，要先建立一個主視窗，才能在上面放置各種元件，例如標籤、按鈕、文字方塊、功能表…等視窗內部的元件，建立主視窗語法如下：

```
主視窗名稱 = tk.Tk()
```

例如視窗變數名稱為 win，建立主視窗的語法如下：

```
win = tk.Tk()
```

主視窗常用的方法有：

方法	說明	實例
geometry(" 寬 x 高 ")	設定主視窗尺寸（「x」是小寫字母 x），如果沒有提供主視窗尺寸的資訊，預設會以視窗內部的元件來決定視窗的寬與高	win.geometry("150x200")表示設定視窗的寬度 150 像素，高度 200 像素。
title(text)	設定主視窗標題列文字	win.title(" 我的第一支視窗程式 ")

當主視窗設定後，還要使用 mainloop() 方法讓程式進入循環監聽模式，來偵測使用者觸發的「事件（Event）」，這個迴圈會一直執行，直到將視窗關閉，語法如下：

```
win.mainloop()
```

以下範例將建立第一個空的視窗。

範例程式 **tk_main.py** ▶ 建立視窗的第一支程式

```
01  import tkinter as tk
02  win = tk.Tk()
03  win.geometry("400x400")
04  win.title(" 第一支視窗程式 ")
05  win.mainloop()
```

執行結果

程式解說

- ◆ 第 1 行：匯入 tkinter 模組，並為套件名稱取一個別名。
- ◆ 第 2 行：建立主視窗語法。
- ◆ 第 3 行：表示設定視窗的寬度 400 像素，高度 400 像素。
- ◆ 第 4 行：設定為主視窗標題列文字。
- ◆ 第 5 行：使用 mainloop() 方法讓程式進入循環監聽模式。

9-2 常用視窗元件介紹

　　前面已學會了如何建立一個主視窗，接下來就是將視窗圖形化元件加入到空白視窗，tkinter 套件提供非常多的視窗元件，接著介紹常用的 GUI 元件！

9-2-1 標籤元件（**Label**）

　　Label 標籤就是顯示一些唯讀的文字，通常作為標題或是控制物件的說明，我們無法對標籤元件作輸入或修改資料的動作，點擊它也不會觸發任何事件，建立 Label 語法如下：

```
元件名稱 = tk.Label(容器名稱，參數)
```

　　容器名稱是指上一層（父類別）容器名稱，當建立了一個標籤元件，就可以指定其文字內容、字型色彩及大小、背景顏色、標籤寬跟高、與容器的水平或垂直間距、文字位置、圖片⋯等參數，各參數之間用逗號（,）分隔，常用的參數功能如下表：

參數	說明
height	設定高度
width	設定寬度
text	設定標籤的文字

font	設定字型及字體大小，字型會以 tuple（元組）來表示 font 元素，例如「新細明體」、大小為 14、粗斜體字型的設定方式。
	`font =('新細明體', 14, 'bold', 'italic')`
	字型也可以直接以字串表示，如下所示：
	`"新細明體14 bold italic"`

fg	設定標籤的文字顏色，指定顏色可以使用顏色名稱（例如 red、yellow、green）或使用十六進位值顏色代碼，例如紅色 #ff0000、黃色 #ffff00。
bg	設定標籤的背景顏色
padx	設定文字與容器的水平間距
pady	設定文字與容器的垂直間距
borderwidth	設定標籤框線寬度，可以「bd」取代
image	標籤指定的圖片
justify	設定標籤有多行文字的對齊方式

以下例子將示範在視窗中顯示 Label 文字標籤。

範例程式 label.py ▶ Label 標籤的使用

```
01   import tkinter as tk
02   win = tk.Tk()
03   win.title("Label 標籤 ")
04   label = tk.Label(win, text = "Label 標籤 ")
05   label.pack()
06   win.mainloop()
```

執行結果

Label標籤

程式解說

◆ 第 1 行：這邊是將 tkinter 套件匯入。

◆ 第 2 行：將 tk.Tk() 指定給 win 變數並建立一個視窗。

◆ 第 3 行：透過 title() 函式為視窗給定標題名稱。

◆ 第 4 行：第一個參數為主視窗名稱，第二個參數之後則是 Label 所要顯示的文字敘述以及一些寬度、底線等等的設置。

◆ 第 5 行：設置完成後，最後須加上 pack() 版面佈局方式，來指定該標籤放置位置。

上述程式中各位應該有注意到第 5 行的 pack 方法，它是一種視窗元件的佈局方式。總共有 3 種佈局方法：pack、grid 以及 place。

pack 方法

pack 方法是最基本的佈局方式，就是由上到下依序放置，常用參數如下：

參數	說明
padx	設定水平間距
pady	設定垂直間距
fill	是否填滿寬度 (x) 或高度 (y)，參數值有 x、y、both、none
expand	左右分散對齊，可以設定 0 跟 1 兩種值，0 表示不要分散；1 表示平均分配
side	設定位置，設定值有 left、right、top、bottom

位置及長寬的單位都是像素（pixel），例如以下程式碼將 2 個按鈕利用 pack 方法加入視窗，其中 width 屬性是按鈕元件的寬度，而 text 屬性為按鈕上的文字。

範例程式 **pack.py** ▶ 利用 **pack** 方法加入視窗

```
01  import tkinter as tk
02  win = tk.Tk()
03  win.geometry("400x100")
04  win.title("pack 版面佈局 ")
05
06  taipei=tk.Button(win, width=20, text=" 台北景點 ")
07  taipei.pack(side="top")
08  kaohsiung=tk.Button(win, width=20, text=" 高雄景點 ")
09  kaohsiung.pack(side="top")
10
11  win.mainloop()
```

執行結果

程式解說

- ◆ 第 1 行：匯入 tkinter 模組，並為套件名稱取一個別名。
- ◆ 第 2 行：建立主視窗語法。
- ◆ 第 3 行：表示設定視窗的寬度 400 像素，高度 100 像素。
- ◆ 第 4 行：設定為主視窗標題列文字。
- ◆ 第 6 ～ 9 行：在視窗中加入按鈕元件，按鈕上的文字為「台北景點」，以 pack() 方法安排版面佈局方式，位置齊上。其他第 8 ～ 9 行加入另外一個按鈕元件。
- ◆ 第 11 行：使用 mainloop() 方法讓程式進入循環監聽模式。

place 方法

place 方法是以元件在視窗中的絕對位置與相對位置來告知系統元件的擺放方式，簡單來說，就是給精確的座標來定位。相對位置的方法是將整個視窗寬度或高度視為「1」，常用參數如下表。

參數	說明
x	以左上角為基準點，x 表示向右偏移多少像素
y	以左上角為基準點，y 表示向下偏移多少像素
relx	相對水平位置，值為 0 ～ 1，視窗中間位置 relx=0.5
rely	相對垂直位置，值為 0 ～ 1，視窗中間位置 rely=0.5
anchor	定位基準點，參數值有下列 9 種： center: 正中心 n、s、e、w：上方中間、下方中間、右方中間、左方中間 ne、nw、se、sw：右上角、左上角、右下角、左下角，例如引數 anchor='nw'，就是前面所講的錨定點是左上角

範例程式 **place.py** ▶ 利用 **place** 方法加入視窗

```
01   import tkinter as tk
02   win = tk.Tk()
03   win.geometry("400x100")
04   win.title("pack 版面佈局 ")
05
06   taipei=tk.Button(win, width=30, text=" 台北景點 ")
07   taipei.place(x=10, y=10)
08   kaohsiung=tk.Button(win, width=30, text=" 高雄景點 ")
09   kaohsiung.place(relx=0.5, rely=0.5, anchor="center")
10
11   win.mainloop()
```

執行結果

程式解說

◆ 第 1 行：匯入 tkinter 模組，並為套件名稱取一個別名。

◆ 第 2 行：建立主視窗語法。

◆ 第 3 行：表示設定視窗的寬度 400 像素，高度 100 像素。

◆ 第 4 行：設定為主視窗標題列文字。

◆ 第 6 ～ 9 行：在視窗中加入按鈕元件，按鈕上的文字為「台北景點」，以
place() 方法安排版面佈局方式，位置為向右偏移 10 像素，向下偏移 10 像素。

◆ 第 8 ～ 9 行：加入另外一個按鈕元件，也以 place() 方法安排版面佈局方
式，但設定位置的方式改採用相對位置的方式。

◆ 第 11 行：使用 mainloop() 方法讓程式進入循環偵聽模式，來偵測使用者
觸發的「事件（Event）」。

grid 方法

grid 方法是利用表格的形式定位，常用的參數如下：

參數	說明
column	設定放在哪一行
columnspan	左右欄合併的數量
padx	設定水平間距，就是單元格左右間距
pady	設定垂直間距，就是單元格上下間距
row	設定放在哪一列
rowspan	上下欄合併的數量
sticky	設定元件排列方式，有 4 種參數值可以設定：n、s、e、w：靠上、靠下、靠右、靠左

範例程式 grid.py ▶ 利用 grid 方法加入視窗

```
01  import tkinter as tk
02  win = tk.Tk()
03  win.geometry("400x100")
04  win.title("pack 版面佈局 ")
05
06  taipei=tk.Button(win, width=30, text=" 台北景點 ")
07  taipei.grid(column=0,row=0)
08  kaohsiung=tk.Button(win, width=30, text=" 高雄景點 ")
09  kaohsiung.grid(column=0,row=1)
10  ilan=tk.Button(win, width=30, text=" 宜蘭景點 ")
11  ilan.grid(column=1,row=0)
12  tainan=tk.Button(win, width=30, text=" 台南景點 ")
13  tainan.grid(column=1,row=1)
14
15  win.mainloop()
```

執行結果

pack版面佈局	— □ ×
台北景點	宜蘭景點
高雄景點	台南景點

程式解說

◆ 第 1 行：匯入 tkinter 模組，並為套件名稱取一個別名。

◆ 第 2 行：建立主視窗語法。

◆ 第 3 行：表示設定視窗的寬度 400 像素，高度 100 像素。

◆ 第 4 行：設定為主視窗標題列文字。

◆ 第 6 ～ 13 行：在視窗中加入按鈕元件，按鈕上的文字為「台北景點」，第 9 行以 grid() 方法安排版面佈局方式，欄列位置的索引為 column=0, row=0。依序加入其他三個按鈕元件，欄列位置的索引分別為 column=0, row=1、column=1, row=0、column=1, row=1。

◆ 第 15 行：使用 mainloop() 方法讓程式進入循環偵聽模式，來偵測使用者觸發的「事件（Event）」。

使用 grid 版面配置的位置就如以下的示意圖，儲存格內的數字分別代表（column, row）：

	第 0 欄	第 1 欄	第 2 欄
第 0 列	column=0,row=0	column=1,row=0	column=2,row=0
第 1 列	column=0,row=1	column=1,row=1	column=2,row=1
第 2 列	column=0,row=2	column=1,row=2	column=2,row=2

9-2-2 按鈕元件（**Button**）

按鈕元件的外觀常被設計的較具立體感，使用者直覺反應它是個可以「按下」的控制物件，建立按鈕元件的語法如下：

```
元件名稱 = tk.Button ( 容器名稱 , [ 參數 1= 值 1, 參數 2= 值 2,…. 參數 n= 值 n])
```

按鈕元件僅能顯示一種文字，但是文字可以跨行，除了保有許多 Label 元件的參數外，Button 元件多了一個 command 參數，較常用的參數如下表：

參數	說明
textvariable	將按鈕上的文字指定給字串的變數，例如：textvariable= btnvar，之後就可以使用 btnvar.get() 方法取得按鈕上的文字，或使用 btnvar.set() 方法來設定按鈕上的文字
command	事件處理函數
underline	幫按鈕上的字元加上底線，如果不加底線請設定為 -1，0 表示第 1 個字元加底線，1 表示第 2 個字元加底線…以此類推

範例程式 button.py ▶ 設置 Button 元件

```
01  import tkinter as tk
02  win = tk.Tk()
03  win.title("Button 按鈕 ")
04  win.geometry('300x200')
05  button = tk.Button(win, text = "Press", underline=0)
06  button.pack()
07  win.mainloop()
```

執行結果

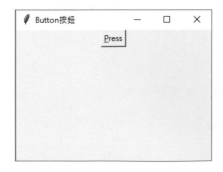

程式解說

◆ 第 5 行：Button 按鈕的第一個參數為主視窗名稱，表示 Button 為其子元件。第二個參數為按鈕上的文字，第三個參數則要求在第一個字元加上底線。

9-2-3 文字方塊元件

文字方塊元件（Entry）可以讓使用者在單行中輸入文字，如果想要輸入多行就要使用 Text 元件。建立 Entry 元件的語法如下：

```
元件名稱 = tk.Entry(容器名稱，參數)
```

常用的參數如下：

參數	說明
width	寬度
bg	背景色，也可以使用 background 參數
fg	前景色，也可以使用 foreground 參數
state	為輸入狀態，預設值 NORMAL 為可輸入的狀態，如果設定為 DISABLED 則表示無法輸入
show	顯示的字元，通常在建立密碼資料時，可以指定顯示的字元，例如 show='*'，如此一來輸入的資料會以星號來顯示，而不會出現輸入的資料，以達到保密的效果
textvariable	將文字方塊的文字指定給字串的變數，就可以用來取得或設定文字方塊的資料

下例將示範在視窗中加入 Entry 單行文字。

範例程式 entry.py ▶ **Entry 單行文字**

```
01   import tkinter as tk
02   win = tk.Tk()
03   win.title(" 密碼資料 ")
04   win.geometry('300x200')
05
06   label = tk.Label(win, text = " 請輸入密碼 : ")
07   label.pack()
08   entry = tk.Entry(win,bg='yellow',fg='red',show='*')
09   entry.pack()
10
11   win.mainloop()
```

執行結果

程式解說

◆ 第 8 行：Entry 的第一個參數為主視窗名稱；第二個參數之後所調用的參數
為元件的一些設置，其實 Entry 元件有點像 HTML 單行文字的輸入框。

9-2-4 文字區塊元件

文字區塊元件（Text）用來儲存或顯示多行文字，屬性和 Entry 元件大多雷
同。包括純文字或格式文件，Text 元件也可以被用作文字編輯器。建立 Text 元
件的語法如下：

元件名稱 =tk.Text(容器名稱 , 參數 1, 參數 2,….)

Text 元件和 Entry 元件的屬性有許多相同，較特別的參數有：

參數	說明
borderwidth	設定邊框寬度
state	設定元件內容是否允許編輯，預設值為「tk.NORMAL」表示文字元件內容可以編輯；如果參數值為「tk.DISABLED」，表示文字元件內容不可以修改
highlightbackground	將背景色反白
highlightcolor	反白色彩
wrap	換行，預設值 wrap=CHAR，表示當文字長度大於文字方塊寬度時會切斷單字換行，如果 wrap=WORD 則不會切斷字。另一個設定值為 NONE，表示不會換行

如果想在已建立的文字方塊設定文字內容，必須呼叫 insert() 方法，語法如下：

```
insert(index, text)
```

- **index**：依索引值插入字串，有三個常數值：INSERT、CURRENT（目前位置）和 END（將字串加入文字方塊，並結束文字方塊內容）。

- **text**：欲插入的字串。

接著示範如何在視窗程式中加入 Text 多行文字：

範例程式 **text.py** ▶ **Text 多行文字**

```
01  from tkinter import *
02  sentences=" 玉階生白露，夜久侵羅襪。\n 卻下水晶簾，玲瓏望秋月。"
03  win = Tk()
04  win.title("Text 多行文字 ")
05  win.geometry('300x200')
06  text = Text(win, width = 30, height = 14, bg = "yellow", wrap=WORD)
07  text.insert(END,sentences)
08  text.pack()
09  win.mainloop()
```

執行結果

9-2-5 捲軸元件

捲軸元件（Scrollbar）是用來操控當內容超出視窗大小時，為了幫使用者瀏覽資料，所產生滑動頁面的事件。經常被使用在文字區域（Text）、清單方塊（Listbox）或是畫布（Canvas）等元件，語法如下：

```
Scrollbar( 父物件，參數 1= 設定值 1，參數 2= 設定值 2,…)
```

這些參數都是選擇性參數，下表較常用的參數：

屬性	說明
background	設背景色，可以「bg」取代
borderwidth	定框線粗細，可以「bd」取代
width	元件寬度
command	移動捲軸時，會呼叫此參數所指定函數來作為事件處理程式
highlightbackground	反白背景色彩
highlightcolor	反白色彩
activebackground	當使用滑鼠移動捲軸時，捲軸與箭頭的色彩
orient	預設值 =VERTICAL，代表垂直捲軸，orient=HORIZONTAL，代表水平捲軸

範例程式 **scrollbar.py** ▶ **ScrollBar**（捲軸）

```
01  import tkinter as tk
02  win = tk.Tk()
03  win.title("ScrollBar 捲軸 ")
04  win.geometry('300x200')
05  text = tk.Text(win, width = "30", height = "5")
06  text.grid(row = 0, column = 0)
07  scrollbar = tk.Scrollbar(command = text.yview, orient = tk.VERTICAL)
08  scrollbar.grid(row = 0, column = 1, sticky = "ns")
09  text.configure(yscrollcommand = scrollbar.set)
10  win.mainloop()
```

程式解說

◆ 第 6 行：透過 grid() 以行列的放置位置將 Text 元件置左。

◆ 第 7 行：透過事件綁定，使得 Scrollbar 得以在 Text 元件的 y 軸進行滑動事件以及設定滾輪位置。

◆ 第 8 行：將 scrollbar 對齊 Text 元件，並使用 sticky 指定對齊方式。

◆ 第 9 行：最後，Text 元件則再將該其位置反饋給 Scrollbar。

執行結果

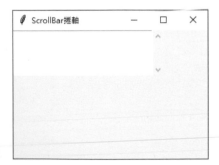

剛開始畫面上不會出現滾輪軸,當輸入的內容超過 Text 視窗設定的範圍,就會出現滾輪軸可進行滑動的動作。

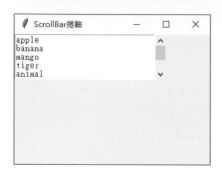

9-2-6 訊息方塊元件

訊息方塊元件(messagebox)是一種有提示訊息的對話方塊,是一種以簡便的訊息來作為使用者與程式間互動的介面,通常用於顯示讓使用者注意的文字,除非使用者看到,否則程式會停在訊息框裡面,就是平時看到的彈出視窗。基本結構如下:

❶ messagebox 的標題列,以參數「title」表示。

❷ 代表 messagebox 的小圖示,以參數「icon」表示。

❸ 顯示 messagebox 的相關訊息,以參數「message」代表。

❹ 顯示 messagebox 的對應按鈕,以參數「type」表示。

訊息方塊元件概分兩大類：「詢問」類和「顯示」類。「詢問」類是以「ask」為開頭，伴隨 2 ～ 3 個按鈕來產生互動行為。而「顯示」類是以「show」開頭，只會顯示一個「確定」鈕。下表為 messagebox 訊息方塊元件常見的方法。

種類	messagebox 方法
詢問	askokcancel(標題 , 訊息 , 選擇性參數)
	askquestion(標題 , 訊息 , 選擇性參數)
	askretrycancel(標題 , 訊息 , 選擇性參數)
	askyesno(標題 , 訊息 , 選擇性參數)
	askyesnocancel(標題 , 訊息 , 選擇性參數)
顯示	showerror(標題 , 訊息 , 選擇性參數)
	showinfo(標題 , 訊息 , 選擇性參數)
	showwarning(標題 , 訊息 , 選擇性參數)

下例將示範訊息類及顯示類兩種訊息方塊。

範例程式 **messagebox.py** ▶ **GUI 介面 - 訊息方塊**

```
01   from tkinter import *
02   from tkinter import messagebox
03   wnd = Tk()
04   wnd.title(' 訊息方塊元件 (messagebox)')
05   wnd.geometry('180x120+20+50')
06
07   def first():
08       messagebox.showinfo(' 顯示類對話方塊 ',
09           '「顯示」類是以「show」開頭，只會顯示一個「確定」鈕。')
10
11   def second():
12       messagebox.askretrycancel(' 詢問類對話方塊 ',
13           '「詢問」類是以「ask」為開頭，伴隨 2 ～ 3 個按鈕來產生互動。')
14
15   Button(wnd, text=' 顯示類對話方塊 ', command =
16       first).pack(side = 'left', padx = 10)
17   Button(wnd, text=' 詢問類對話方塊 ', command =
18       second).pack(side = 'left')
19   mainloop()
```

執行結果

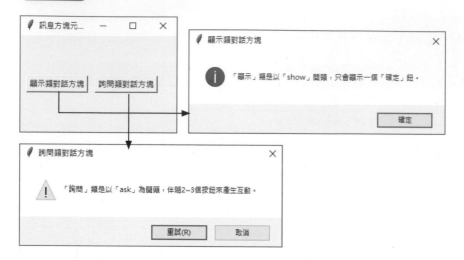

程式解說

◆ 第 8 ～ 9 行：顯示類訊息方塊的語法實例。

◆ 第 12 ～ 13 行：詢問類訊息方塊的語法實例。

9-2-7 核取按鈕元件

Checkbutton 元件（Checkbutton）可以讓使用者多重勾選或全部不選，只要點選 Checkbutton 元件，就會出現打勾的符號，再點選一次，打勾符號就會消失。建立核取按鈕元件的語法如下：

```
元件名稱 =tk. Checkbutton（容器名稱，參數 1，參數 2,….)
```

Checkbutton 常用的參數如下：

屬性	說明
background（或 bg）	設背景色
height	元件高度
width	元件寬度
text	元件中的文字
variable	元件所連結的變數，可取得或設定核取按鈕元件的狀態
command	當選項按鈕被點選後，會呼叫這個參數所設定的函式
textvariable	存取核取按鈕元件的文字

核取方塊有勾選和未勾選兩種狀態。

- **勾選**：以預設值「1」表示；使用屬性 onvalue 來改變其值。

- **未勾選**：設定值「0」表示；使用屬性 offvalue 變更設定值。

下例設計一可供選修的科目清單，讓使用者勾選想選修的課程：

範例程式 **Checkbutton.py** ▶ **GUI 介面 - Checkbutton**

```
01  from tkinter import *
02  wnd = Tk()
03  wnd.title('Checkbutton 核取方塊 ')
04
05  def check(): # 回應核取方塊變數狀態
06      print(' 這學期預定選修的科目包括 :', var1.get(), var2.get()
07          ,var3.get())
08
09  ft1 =(' 新細明體 ', 14)
10  ft2 = (' 標楷體 ', 18)
11  lb1=Label(wnd, text = ' 選修的科目：', font = ft1).pack()
12  item1 = ' 人工智慧 '
13  var1 = StringVar()
14  chk1 = Checkbutton(wnd, text = item1, font = ft1,
15      variable = var1, onvalue = item1, offvalue = '')
```

```
16  chk1.pack()
17  item2 = '程式語言'
18  var2 = StringVar()
19  chk2 = Checkbutton(wnd, text = item2, font = ft1,
20      variable = var2, onvalue = item2, offvalue = '')
21  chk2.pack()
22  item3 = '數位行銷'
23  var3 = StringVar()
24  chk3 = Checkbutton(wnd, text = item3, font = ft1,
25      variable = var3, onvalue = item3, offvalue = '')
26  chk3.pack()
27  btnShow = Button(wnd, text = '列出選修結果', font = ft2,
28      command = check)
29  btnShow.pack()
30  mainloop()
```

執行結果

```
Python 3.7.3 (v3.7.3:ef4ec6ed12, Mar 25 2019, 21:26:53) [MSC v.1916 32
bit (Intel)] on win32
Type "help", "copyright", "credits" or "license()" for more informatio
n.
>>>
==================== RESTART: D:/進行中書籍/博碩_Python/範例檔/ch09/Chec
kbutton.py ====================
>>>
==================== RESTART: D:/進行中書籍/博碩_Python/範例檔/ch09/Chec
kbutton.py ====================
這學期預定選修的科目包括: 人工智慧 程式語言
```

程式解說

◆ 第 5 ～ 7 行：定義 check() 函數回應核取方塊變數狀態。

◆ 第 12 行：設定變數 item1 來作為核取方塊的屬性 text、onvalue 的屬性值。

- 第 13 行：將變數 var1 轉為字串，並指定給屬性 variable 使用，藉以回傳核取方塊「已核取」或「未核取」的回傳值。

- 第 14 ～ 15 行：產生核取方塊，並設定 onvalue、offvalue 屬性值。

- 第 27 ～ 28 行：呼叫 check() 方法做回應。

9-2-8 單選按鈕元件

單選按鈕元件（Radiobutton）所提供的選項列表只能選其中一個，無法多選。例如詢問一個人的國籍、性別、膚色…等。要建立 Radiobutton 的語法如下：

```
元件名稱 =tk.Radiobutton ( 容器名稱 , 參數 1, 參數 2,…)
```

Radiobutton（單選按鈕）常用的參數如下：

屬性	說明
font	設定字型
height	元件高度
width	元件寬度
text	元件中的文字
variable	元件所連結的變數，可以取得或設定目前的選取按鈕
value	設定使用者點選後的選項按鈕的值，利用這個值來區分不同的選項按鈕
command	當選項按鈕被點選後，會呼叫這個參數所設定的函式
textvariable	用來存取按鈕上的文字

範例程式 **Radiobutton.py** ▶ **GUI 介面 -Radiobutton**

```
01  from tkinter import *
02  wnd = Tk()
03  wnd.title('Radiobutton 元件 ')
04  def select():
05      print(' 你的選項是 :', var.get())
06
07  ft = (' 標楷體 ', 14)
08  Label(wnd,
09      text = " 請問您的最高學歷 : ", font = ft,
10      justify = LEFT, padx = 20).pack()
11  place = [(' 博士 ', 1), (' 碩士 ', 2),(' 大學 ', 3),
12          (' 高中 ', 4),(' 國中 ', 5),(' 國小 ', 6)]
13  var = IntVar()
14  var.set(2)
15  for item, val in place:
16      Radiobutton(wnd, text = item, value = val,
17          font = ft, variable = var, padx = 20,
18          command = select).pack(anchor = W)
19  mainloop()
```

執行結果

請問您的最高學歷：
- ○ 博士
- ◉ 碩士
- ○ 大學
- ○ 高中
- ○ 國中
- ○ 國小

程式解說

◆ 第 4 ～ 5 行：定義 select() 函數。

◆ 第 13、14 行：將被選的單選按鈕以 IntVar() 方法來轉為數值，再以 set() 方法指定第三個單選按鈕為預設值。

◆ 第 15 ~ 18 行：以 for 迴圈來產生單選按鈕並讀取 place 串列的元素，並利用屬性 variable 來取得變數值後，再透過 command 來呼叫函數，來顯示目前是哪一個單選按鈕被選取。

9-2-9 功能表元件

功能表元件（Menu）通常位於視窗標題列下方，它是一種將相關指令集中在一起的下拉彈出式選單，只要使用者去按某個指令，就會彈出選項列表，再從其中選擇要執行的工作。不過 Menu 元件只能產生功能表的骨架，還必須配合 Menu 元件的相關方法。下表列出 Menu 元件有關的方法：

方法	說明
activate(index)	動態方法
add(type, **options)	增加功能表項目
add_cascade(**options)	新增主功能表項目
add_checkbutton(**options)	加入 checkbutton（核取方塊）
add_command(**options)	以按鈕形式新增子功能表項目
add_radiobutton(**options)	以單選按鈕形式新增子功能表項目
add_separator(**options)	加入分隔線，用於子功能表的項目之間

接著將以實例說明建立功能表的過程：

範例程式 **menu1.py** ▶ 功能表

```
01  import tkinter as tk
02  win = tk.Tk()
03  win.title("")
04  win.geometry('300x200')
```

```
05  menubar = tk.Menu(win)
06  win.config(menu = menubar)
07  file_menu = tk.Menu(menubar)
08  menubar.add_cascade(label = " 檔案 ", menu = file_menu)
09  edit_menu = tk.Menu(menubar)
10  menubar.add_cascade(label = " 編輯 ", menu = edit_menu)
11  run_menu = tk.Menu(menubar)
12  menubar.add_cascade(label = " 執行 ", menu =run_menu)
13  window_menu = tk.Menu(menubar)
14  menubar.add_cascade(label = " 視窗 ", menu = window_menu)
15  online_menu = tk.Menu(menubar)
16  menubar.add_cascade(label = " 線上說明 ", menu = online_menu)
17  win.mainloop()
```

在建立功能表之前需要先有個功能表列，如上述程式碼中第 5 行將先行建立一個功能表列，緊接著第 6 行 win.config(menu = menubar) 則是將功能表列 menubar 指向給 win 的 menu，這道指令表示 menubar 只用在添加子功能，之後加入的功能則會顯示在 menubar 中。

而第 7 ～ 16 行則是示範如何在視窗中建立主功能表，執行結果如下：

目前所建立的每項主功能都還沒有子功能，如果各位想要在主功能中新增子功能，則必須透過 add_command 指令。接著請各位分別在第 8、10、12 行插入以下程式碼：

第 8 行

```
file_menu.add_command(label = " 開啟舊檔 ")
```

第 10 行

```
edit_menu.add_command(label = " 復原 ")
```

第 12 行

```
run_menu.add_command(label = " 編譯及執行本程式 ")
```

加入上述四行程式碼後，完整的程式碼如下：

範例程式 **menu2.py** ▶ 功能表

```
01  import tkinter as tk
02  win = tk.Tk()
03  win.title("")
04  win.geometry('300x200')
05  menubar = tk.Menu(win,tearoff=0)
06  win.config(menu = menubar)
07  file_menu = tk.Menu(menubar,tearoff=0)
08  menubar.add_cascade(label = " 檔案 ", menu = file_menu)
09  file_menu.add_command(label = " 開啟舊檔 ")
10  edit_menu = tk.Menu(menubar)
11  menubar.add_cascade(label = " 編輯 ", menu = edit_menu)
12  edit_menu.add_command(label = " 復原 ")
13  run_menu = tk.Menu(menubar)
14  menubar.add_cascade(label = " 執行 ", menu =run_menu)
15  run_menu.add_command(label - " 編譯及執行本程式 ")
16  window_menu = tk.Menu(menubar)
17  menubar.add_cascade(label = " 視窗 ", menu = window_menu)
18  online_menu = tk.Menu(menubar)
19  menubar.add_cascade(label = " 線上說明 ", menu = online_menu)
20  win.mainloop()
```

執行結果

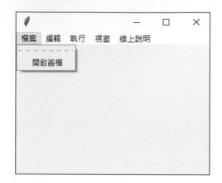

在上圖畫面中，各位應該有注意到所新增的子功能上方有條分隔線，如果使用者點擊分隔線，則會脫離目前的功能列表產生新的視窗，如下圖所示：

如果要將分隔線移除，只要在建立檔案功能表中將 tearoff 參數設定為 0 即可，例如：

```
file_menu = tk.Menu(menubar,tearoff=0)
```

重新執行之後，就會發現當開啟「檔案」功能表時，只會出現「開啟舊檔」選項的子功能，在新增的子功能上方的分隔線已消失不見了。

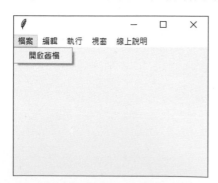

課後評量

一、選擇題

1. （　）下列哪一個不是視窗元件佈局方法？

   (A) pack　　　　　(B) grid　　　　　(C) place　　　　　(D) table

2. （　）下列關於視窗程式設計的描述何者不正確？

   (A) GUI 介面的最外層是一個視窗物件，稱為主視窗

   (B) 當主視窗設定後，還要使用 mainloop() 方法讓程式進入循環監聽模式

   (C) tkinter 套件內的方法可以直接使用無需事先匯入

   (D) 主視窗建立後才能在上面放置各種元件

3. （　）下列關於視窗程式設計元件的描述何者不正確？

   (A) Label 標籤就是顯示一些唯讀的文字

   (B) 按鈕元件僅能顯示一行文字

   (C) 要輸入多行就要使用 Text 元件

   (D) Checkbutton 元件可以讓使用者多重選擇

4. （　）下列哪一個套件無法協助開發視窗程式設計？

   (A) wxPython　　　(B) PyGtk　　　　(C) tkinter　　　　(D) numpy

5. （　）利用表格的形式定位的佈局方式為何？

   (A) grid　　　　　(B) table　　　　　(C) place　　　　　(D) pack

二、問答與實作題

1. 請簡單說明 grid 版面配置位置的示意圖。

2. 請簡述建立視窗程式的基本流程。

3. 請寫出下列表格中所陳述功能的 Label 標籤元件常用參數的名稱？

參數	說明
	設定高度
	設定標籤的文字
	設定標籤的背景顏色
	設定文字與容器的垂直間距
	設定標籤有多行文字的對齊方式

4. place() 視窗佈局方式的參數 anchor，其參數值有哪 9 個？

5. 請簡述訊息方塊元件的類別。

檔案的輸入與輸出

當 Python 的程式執行完畢之後，所有儲存在記憶體的資料都會消失，這時如果需要將執行結果儲存在不會揮發的儲存媒體上（如磁碟等），必須透過檔案模式來加以保存。簡單來說，所謂「檔案」就是將所要輸出入的資料以系統化的方法利用「輔助記憶體」（如光碟、硬碟等）組織起來。

10-1 檔案功能簡介

在開始接觸讀取或建立檔案之前，首先須了解有關於檔案操作等等功能的模組，如：os、pathlib…等等，在前面章節有稍微提到關於 os 功能，相信大家對於這部分應是不太陌生。

10-1-1 檔案類型

除了前面針對檔案提到的一些基礎功能操作之外，一些和檔案功能相關的模組如下：

功能模組	用途
os.path	取得檔案的屬性
pathlib	類似於 os 功能，屬於更高階且完整的檔案系統功能並適用於不同操作系統
shutil	用於檔案移動、複製以及權限管理
fileinput	可針對一個或多個檔案的內容操作
tempfile	用於建立臨時檔案以及目錄，關閉後會自動刪除
glob	查詢符合關鍵字的文件路徑名
fnmatch	查詢符合關鍵字的文件路徑名，與 glob 很相似，但該函式還需搭配使用 os.listdir 取得文件列表
linecache	返回文件中所指定行數的內容

對於檔案處理的功能也算是提供相當多樣的方法，接著介紹常用的方法。

shutil

os 提供檔案搜尋、建立等等，唯獨少了複製、移動的功能性。shutil 則可以補足其缺點。

函式	參數	用途
shutil.copyfile(src, dst)	src、dsr – 檔名或路徑	src 複製檔案至 dst • 若 src 同於 dst 會顯示 SameFileError • dst 已含有檔案則直接覆蓋
shutil.copy2(src, dst)		複製相關檔案資訊至 dst
shutil.move(src, dst)		移動檔案

下例將以 shutil 模組示範如何進行檔案的複製與移動。

範例程式 **ExShutil.py** ▶ 複製並移動檔案

```
01   import shutil, pathlib
02
03   file = str(input("請輸入欲要複製的檔名（可含副檔名）："))
04   copyFile = str(input("請輸入複製檔案的名稱（可含副檔名）:"))
05
06   path = pathlib.Path.cwd() / copyFile
07
08   if path.exists() == True:
09       print("\n 該檔名已存在 ")
10   else:
11       is_Success = shutil.copyfile(file, copyFile)
12       print("已複製完成檔案 {}：".format(is_Success))
13
14       is_Move = shutil.move(copyFile, "D:\\")
15       print(" 並移動至該路徑：{}".format(is_Move))
```

執行結果

```
請輸入欲要複製的檔名(可含副檔名):test.py
請輸入複製檔案的名稱(可含副檔名):test1.py
已複製完成檔案test1.py:
並移動至該路徑:D:\test1.py
```

程式解說

◆ 第 6 行:取得複製檔完整路徑。

◆ 第 8 ～ 9 行:判斷該檔名是否存在。

◆ 第 11 ～ 12 行:若檔名未存在則複製檔案。

◆ 第 14 ～ 15 行:複製後並移動檔案。

linecache

linecache 可從檔案中取得任何行中的內容,由於內容取得後則會存在緩存區,故較為耗損內存。

函式	參數	用途
linecache.getlines(filename)	filename – 檔名	返回檔案中全部內容,每行以序列為結構
linecache.getline(filename, lineno)	filename – 檔名 lineno – 行數	返回檔案第 N 行內容
linecache.clearcache()		清除緩存
linecache.checkcache([filename])	filename – 檔名	檔案若有異動則檢查緩存區數據並更新
linecache.updatecache(filename)	filename – 檔名	檔案若有異動則更新緩存區數據

下例將取得 test.txt 檔案中內容並打亂順序後隨機抽取其中一項內容。

範例程式 **ExLinecache.py** ▶ linecache 的應用實例

```
01  import linecache, random
02
03  fileName = str(input(" 請輸入欲要取得內容檔名 (txt 檔 )："))
04  times = int(input(" 請輸入需要打亂次數："))
05
06  if ".txt" not in fileName:
07      fileName = fileName + ".txt"
08
09  getLines = linecache.getlines(fileName)
10  print(" 取得 {} 檔案原內容：\n{}".format(fileName.replace(".txt", ""), getLines))
11
12  for i in range(times):
13      random.shuffle(getLines)
14
15  print("\n 隨機抽取：", random.choice(getLines))
```

執行結果

```
請輸入欲要取得內容檔名 (txt檔)：test
請輸入需要打亂次數：5
取得test檔案原內容：
['Hello Python!!\n', 'My name is John.\n', 'I love programming.\n',
 'Time create heroes.\n', 'Happy new year.\n']

隨機抽取： My name is John.
```

程式解說

◆ 第 3 ～ 4 行：提供使用者輸入。

◆ 第 6 ～ 7 行：若檔名未有副檔名存在則加上。

◆ 第 9 ～ 10 行：getlines() 取得檔案全內容。

◆ 第 12 ～ 13 行：依照使用者輸入次數打亂序列中排序。

◆ 第 15 行：之後隨機抽取序列中的資料。

10-2 認識檔案與開啟

Python 標準庫也提供簡單開啟檔案的方法：

```
open()
```

10-2-1 檔案開啟 – open() 函式

open() 為 Python 內建的函式，可用於針對檔案進行 I/O 的動作，若無法開啟文件，則會拋出例外（OSError），較簡便語法格式如下：

```
open(file, mode='r')
```

較為完整的語法格式為：

```
open(file[, mode='r', buffering=-1, errors=None, encoding=None,
newline=None, closefd=True, opener=None])
```

其參數說明：

- file：文件路徑（相對 / 絕對路徑），必填。
- mode：指定打開檔案的模式，預設為 r，相關模式種類：

字符	說明
r	僅讀取檔案，其為預設模式
t	文本模式，為預設值，同義詞 'rt'
w	僅用於寫入 1. 檔案已存在則清空其內容，並重新寫入新內容 2. 檔案不存在將會建立新檔案

字符	說明
x	僅用於寫入 1. 檔案已存在則會出現錯誤
a	僅用於寫入，用於追加其內容 1. 檔案已存在，指標會放在該檔案內容的結尾處。簡單來説，新寫入的內容將會在已有內容之後 2. 檔案不存在將會建立新檔案
b	二進位制模式
+	打開檔案進行更新（可讀寫）

■ buffering：由於寫入的資料最後皆會需要寫入硬碟中，這部份可理解為其寫入硬碟時的緩存區（又或者可稱為暫存區）。可取值規範為三個：-1、0、1、>1。

- -1 代表系統預設 buffer 大小（io.DEFAULT_BUFFER_SIZE）
- 0 代表不使用 buffer（unbuffered）且僅適用於二進位制模式
- 1 代表行緩衝（line buffering）
- >1 代表指定緩衝區大小且僅適用於二進位制模式

■ errors：用於指定處理編碼和解碼錯誤，不可用於二進位制模式。較為常見有：

- strict：若編碼錯誤則會顯示錯誤
- ignore：編碼如果有問題，程式將會忽略並往下進行程式執行

■ encoding：返回的資料為哪種編碼，一般採用 uft8。

■ newline：區分換行符號，僅適用於文本模式。其取的值包含：None、''、\n、\r、'\r\n'。

一般如果沒有特殊需求，open() 方法較常會使用 file 以及 mode 兩個參數。其餘參數則可填可不填。

10-2-2 建立 / 讀取檔案

上一小節已取得其模式定義，緊接著就可以開啟檔案進行讀寫。

```
file = open("test.txt", mode='w')
```

由於在當前目錄之下沒有該檔案存在，則該模式會自動新增一個檔案。此時我們也將獲得 open() 函式，返回該文件相關訊息並指向給 file 變數。

當 file 變數取得相關文件訊息時，含有以下屬性：

屬性	說明
file.closed	若檔案已關閉為 True；反之為 False
file.mode	返回開啟檔案的定義模式
file.name	返回檔案名稱

若要為檔案內增加內容需要透過該函式：

函式	參數	用途
file.write(str)	str – 字串	將字串寫入檔案並返回字串長度
file.writelines(sequence)	sequence – 序列	將序列中的字串寫入檔案，如需換行則可制定換行符號

由以下函式進行讀取：

函式	參數	用途
file.read([size])	size – 指定讀取的字節數，為 int 型態	用於從檔案讀取指定字數範圍的字串。 • 若未指定或負則讀取所有
file.readline([size])	size – 指定讀取的字節數，為 int 型態	用於讀取檔案整行字串，包含 "\n" 換行符。 • 若未指定，讀取整行 • 如指定非負數，則返回指定字數範圍的字串
file.readlines([size])	size – 指定讀取的字節數，為 int 型態	用於讀取所有行並以序列結構返回。 • 如指定非負數，則返回指定字數範圍中的序列結構

範例程式 **ExReadAndWrite.py** ▶ 建立並讀取檔案

```
01  file_a = open("book.txt", "a")
02  file_a.write("Python 程式設計 ")
03  file_a.writelines(["\n 資料結構與演算法 ", "\n 網路行銷與電子商務 "])
04  file_a.close()
05
06  file_r = open("book.txt", "r")
07  print(" 讀取檔案 (read)：", file_r.read())
08  file_r.seek(0)
09  print(" 讀取檔案 (readline)：", file_r.readline())
10  file_r.seek(0)
11  print(" 讀取檔案 (readlines)：", file_r.readlines())
12  file_r.close()
```

執行結果

```
讀取檔案(read)： Python程式設計
資料結構與演算法
網路行銷與電子商務
讀取檔案(readline)： Python程式設計

讀取檔案(readlines)： ['Python程式設計\n', '資料結構與演算法\n', '網路行銷與
電子商務']
```

程式解說

◆ 第 1 行：指定開啟檔案模式以及檔名，並將返回文件相關訊息指向給變數。

◆ 第 2 ～ 3 行：分別透過 write()、writelines() 函式寫入資料。

◆ 第 6 ～ 9 行：三種皆為讀取檔案，差別在於取得資料的作用不同。

◆ 第 8、10 行：將檔案游標指定到開頭，於後續將會在介紹。

◆ 第 4、12 行：關閉檔案。

　　為了讀取以及寫入的操作，各自分別指定其模式定義，不但增加了程式的行數也容易造成過多的重覆動作，那這該如何解決呢？於下節中將會介紹如何以組合模式來解決這類問題。

　　而稍前有提起過檔案在寫入硬碟之前會有個緩存區存放，而當透過 write() 或 writelines() 函式寫入資料時，並非立即從緩存區當中將資料寫入硬碟中，畢竟電腦在運作時不止只做當前畫面的動作，內部還會有一些功能系統正在運作，此時電腦會自動依照分配的資源進行一些系統運轉，這才會有緩存區的存在。

　　file.close() 其實就是為了確保資料有正常寫入並釋放資源，當然不使用該函式也是可以正常執行程式，但無法確保寫入的資料完整性。

10-2-3　開啟檔案組合模式

　　為了能夠快速理解開啟模式，前面僅提到 r、w、x、…等等單開啟模式，其中 r、w 最為常使用。當每次僅指定單開啟模式，例如：r。因 r 模式為讀取，這時只能使用 file.read() 函式，無法同時操作寫入以及讀取。因為單模式無法同時兼顧讀寫，便促使組合模式的發展，組合種類如下：

字符	說明
r+	可寫入檔案至任何位置，預設游標為檔案開頭
w+	可讀寫，且 1. 檔案已存在則清空其內容，並重新寫入新內容 2. 檔案不存在將會建立新檔案
a+	可讀寫並用於追加其內容 1. 檔案已存在，指標會放在該檔案內容的結尾處。簡單來說，新寫入的內容將會以已有內容之後 2. 檔案不存在將會建立新檔案
rb(+)	二進位制並以讀取（讀寫）模式開啟檔案
wb(+)	二進位制並以寫入（讀寫）模式開啟檔案 1. 檔案已存在則清空其內容，並重新寫入新內容 2. 檔案不存在將會建立新檔案
ab(+)	二進位制並以寫入（讀寫）模式開啟檔案，用於追加其內容 1. 檔案已存在，指標會放在該檔案內容的結尾處。簡單來說，新寫入的內容將會以已有內容之後 2. 檔案不存在將會建立新檔案

接著來幫大家稍微釐清一下該如何理解。例如：w 為寫入模式，加上 + 為可讀寫模式變成 w+ 則這模式就為可讀寫模式。只是要注意其兩點，一是 w 在檔案存在時則會清空其內容並寫入新的內容；二是檔案不存在，則會建立新檔案。

10-2-4 常見檔案處理方法

相關檔案處理方法除了讀寫方法以及關閉檔案方法之外，還有提供其他方法：

函式	參數	用途
file.flush()		將緩衝區中的數據立即寫入檔案並同時釋放資源，非被動等待系統分配資源後執行寫入。相較於 close()，屬於主動
file.seek(offset[, whence])	offset – 指定的字節數，為 int 型態 whence – 表示由哪個位置開始算起。 • 0 代表檔案開頭算起 • 1 代表當前位置算起 • 2 代表檔案末尾算起	用於移動游標到指定位置開始算起，並取得指定的字節數之後的字串
file.tell()		返回當前游標位置
file.truncate([size])	size – 指定讀取的字節數，為 int 型態	若指定字節數則截斷其指定範圍的字串；反之，未指定則截斷至當前位置。其截斷之後的字串將被刪除

在讀寫檔案過程中有可能因為讀寫時游標的位置，導致當前讀寫的地方跟預想的不一樣。如果要取得游標位置，分別可以使用 seek() 或者 tell()。下例將示範上述幾個方法的綜合應用。

範例程式 **ExRelatedFunctions.py** ▶ 截斷其當前游標字節數的字串

```
01  file = open("RelatedFunctions", "w+")
02  file.write("HIHI!!! I like Program, Do you like this?")
03
04  file.flush()
05
06  print("寫入之後的游標位置：", file.tell())
07
08  file.seek(8, 0)
09  file.truncate(22)
10
11  print(file.read())
```

執行結果

```
寫入之後的游標位置：   41
I like Program
```

程式解說

◆ 第 1 ～ 2 行：以讀寫模式開啟檔案並寫入資料。

◆ 第 4 行：主動將緩衝區的數據寫入硬碟中。

◆ 第 6 行：因無法確定檔案游標位置，將取得當前的游標位置。因寫入的動作，故其游標位置為檔案尾端。

◆ 第 8、9 行：指定游標位置在指定位置的第 8 個字節數，再搭配 truncate() 截斷字串。因此從開頭算起至 Program 其長度為 22，因讀取將以游標算起，故讀取出其字串 I like Program。

Tips

🪐 **flush() 作用**

每當開啟檔案為確保資料完整性，在最後完成檔案讀寫的操作將會撰寫 close() 的方法。有時在跟別人合作開發專案時，如果遇到需要即時更新檔案，通常可使用這個方法來達成，不須等待關閉檔案才進行寫入，並可確保資料完整性。

10-2-5 使用 with...as 指令

一般在讀取檔案的語法格式為：

```
file = open("test.txt", mode='w')
file.write(" 正在寫入 ing....")
file.close()
```

但在開發中萬一不小心打錯了字，又或者可能讀寫檔案有編解碼上的問題等等，一旦發生異常問題將不會執行之後的程式，所以需要撰寫攔截例外的方法。而 try...finally 為無論是否有發生異常問題，執行 try 之後都會執行 finally 裡的程式。

```
try:
    file = open("test.txt", mode='w+')
    file.write("write…")
finally:
    file.close()
```

Python 2.5 之後的版本，不需要每次都要撰寫 finally 忽略異常問題，可使用新的語法：

```
with expression [as var]:
    do something code
```

當 with…as 區域中發生錯誤將會跳出該區域，在該區域所指向的變數，最後會自動關閉其參考來源，以至於不需經常使用到 finally。

10-3 例外處理

當程式發生拋出例外都會影響其正常執行，而程式拋出的例外訊息如果沒有攔截並自定義拋出的訊息，大多使用者無法清楚了解當前的錯誤訊息來源為何？又是什麼問題造成程式不能正常執行？

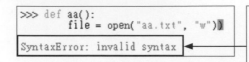

```
>>> def aa():
        file = open("aa.txt", "w"))
SyntaxError: invalid syntax
```

該錯誤訊息為 Python 語法錯誤。若為開發者，可快速了解其錯誤訊息為何？而使用者往往都是沒有接觸程式，難以立即了解其錯誤為何？

在程式執行當中，往往無法完全保證每一支程式都可順利往下繼續其操作，所以基本上程式撰寫的時候，都會加上攔截例外方法。

10-3-1 try...except...finally 用法

如果要攔截拋出例外時的類型，以及自定義出使用者使用系統能夠理解的訊息，則可以透過該方法：

```
try:
    #do something code…
except Except_Type:
    #do something exception code…
else:
    #do not anything exception code…
finally:
    #do something common code…
```

try、except、finally 在功能上有所不同，說明如下：

■ **try**：可將想要攔截例外的程式放置 try 區域。

■ **except**：可為多個。當拋出例外時會透過 except 判斷為哪一種類型的異常問題並要做怎樣的處理。

 • 若無其相對應的 Except_type 則直接結束程式並拋出訊息。

■ **else**：在無任何異常發生，才會觸發（可選用）。

■ **finally**：無論有無異常發生，皆會觸發（可選用）。

範例程式 **ExException.py** ▶ 發生異常則拋出例外訊息

```
01  try:
02      "1" + 2
03  except SyntaxError:
04      print("SyntaxError - 語法錯誤 ")
05  except TypeError:
06      print("TypeError - 型態錯誤 ")
07  except NameError:
08      print("NameError - 該變數未宣告 ")
09  except IndexError:
10      print("IndexError - 指定索引位置錯誤 ")
11  else:
12      print(" 無發生任何異常 ")
13  finally:
14      print("finally - 不管有沒發生異常都會執行 ")
```

執行結果

```
TypeError - 型態錯誤
finally - 不管有沒發生異常都會執行
```

10-3-2 常見錯誤類型

錯誤類型總共可分為二種：Errors、Warning，兩者之間的差別在於 Warning 屬於警告，並非會導致程式無法正常執行。常見的類別為：

例外類別	說明
Exception	常規錯誤類別
SyntaxError	Python 語法錯誤
NameError	未宣告變數的錯誤
TypeError	類型錯誤
ZeroDivisionError	除零錯誤
IndexError	指定索引錯誤

例外類別	說明
NotImplementError	尚未實作的方法
ValueError	無效的參數
SyntaxWarning	可疑語法錯誤
DeprecationWarning	已棄用的特徵警告

　　一開始接觸程式的時候，多少會遇到一些例外錯誤的情形，通常剛接觸程式語言都會害怕遇到錯誤訊息，深怕看不懂回傳在畫面上的問題到底在哪裡，還好很多錯誤訊息的名稱都可一目了然得知其作用為何，這一點各位則不需要過於擔心。

★ 課 後 評 量

一、選擇題

1. （　）下列哪一個功能模組可以返回文件中所指定行數的內容？

   (A) linecache　　　　　　　　(B) glob

   (C) shutil　　　　　　　　　　(D) pathlib

2. （　）下列哪一個功能模組可以針對一個或多個檔案的內容操作？

   (A) linecache　　　　　　　　(B) glob

   (C) shutil　　　　　　　　　　(D) fileinput

3. （　）下列哪一個函式能將緩衝區中的數據立即寫入檔案並同時釋放資源？

   (A) file.flush()　　　　　　　(B) file.seek()

   (C) file.tell()　　　　　　　　(D) file.truncate()

二、問答與實作題

1. 試簡述以下幾個功能模組的用途。

   • pathlib

   • shutil

   • glob

2. 簡述 linecache 功能模組的主要用途。

3. 請簡述 tile.flush() 函式的功能。

MEMO

Chapter

11

ChatGPT 與 Python
程式設計黃金入門課

今年最火紅的話題，絕對離不開 ChatGPT ！ ChatGPT 引爆生成式 AI 革命，首當其衝的就是社群行銷；目前網路、社群對於 ChatGPT 的討論已經沸沸揚揚。ChatGPT 是由 OpenAI 所開發的一款基於生成式 AI 的免費聊天機器人，擁有強大的自然語言生成能力，可以根據上下文進行對話，並進行多種應用，包括客戶服務、銷售、產品行銷等，短短 2 個月全球用戶突破 1 億，超過抖音的用戶量。ChatGPT 是由 OpenAI 公司開發的最新版本，該技術是建立在深度學習（Deep Learning）和自然語言處理技術（Natural Language Processing, NLP）的基礎上。由於 ChatGPT 基於開放式網路的大量數據進行訓練，使其能夠產生高度精確、自然流暢的對話回應，與人進行交談。如下圖所示：

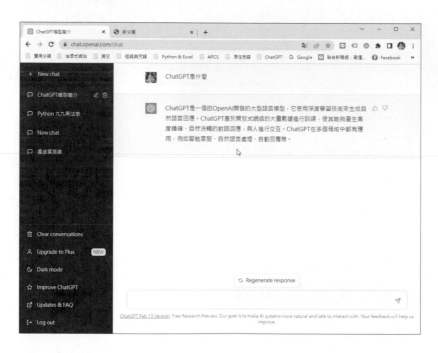

ChatGPT 能和人類以一般人的對話方式與使用者互動，例如提供建議、寫作輔助、寫程式、寫文章、寫信、寫論文、劇本小說等，而且回答的內容有模有樣，除了可以給予各種問題的建議之外，也可以幫忙寫作業或程式碼。例如，以下二圖的回答所示：

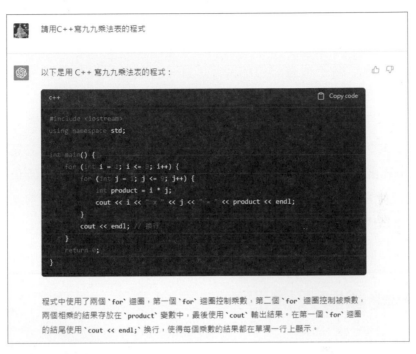

請用C++寫九九乘法表的程式

以下是用 C++ 寫九九乘法表的程式：

```c++
#include <iostream>
using namespace std;

int main() {
    for (int i = 1; i <= 9; i++) {
        for (int j = 1; j <= 9; j++) {
            int product = i * j;
            cout << i << " x " << j << " = " << product << endl;
        }
        cout << endl; // 換行
    }
    return 0;
}
```

程式中使用了兩個 `for` 迴圈，第一個 `for` 迴圈控制乘數，第二個 `for` 迴圈控制被乘數，兩個相乘的結果存放在 `product` 變數中，最後使用 `cout` 輸出結果。在第一個 `for` 迴圈的結尾使用 `cout << endl;` 換行，使得每個乘數的結果都在單獨一行上顯示。

ChatGPT 之所以強大，是在於它背後難以數計的資料庫，舉凡任何食衣住行育樂，各種生活問題或學科都可以問 ChatGPT；而 ChatGPT 也會以近似人類會寫出來的文字，給予相當到位的回答。與 ChatGPT 互動是一種雙向學習的過程，在用戶獲得想要資訊內容文本的過程中，ChatGPT 也不斷在吸收與學習。ChatGPT 堪稱是目前科技整合的極致，繼承了幾十年來資訊科技的精華。以前只能在電影上想像的情節，現在幾乎都實現了。在生成式 AI 蓬勃發展的階段，ChatGPT 擁有強大的自然語言生成及學習能力，更具備強大的資訊彙整功能，各位想到的任何問題都可以尋找適當的工具協助，加入自己的日常生活中，並且得到快速正確的解答。

11-1 認識聊天機器人

人工智慧行銷自本世紀以來，一直都是店家或品牌尋求擴大影響力和與客戶互動的強大工具，過去企業為了與消費者互動，需聘請專人全天候在電話或通訊平台前待命，不僅耗費了人力成本，也無法妥善地處理龐大的客戶量與資訊，聊天機器人（Chatbot）則是目前許多店家客服的創意新玩法，背後的核心技術即是以自然語言處理（Natural Language Processing, NLP）中的一種模型（Generative Pre-Trained Transformer, GPT）為主，利用電腦模擬與使用者互動對話，算是由對話或文字進行交談的電腦程式，並讓用戶體驗像與真人一樣的對話。聊天機器人能夠全天候地提供即時服務，與自設不同的流程來達到想要的目的，協助企業輕鬆獲取第一手消費者偏好資訊，有助於公司精準行銷、強化顧客體驗與個人化的服務。這對許多粉絲專頁的經營者或是想增加客戶名單的行銷人員來說，聊天機器人就相當適用。

AI 電話客服也是自然語言的應用之一

圖片來源：https://www.digiwin.com/tw/blog/5/index/2578.html

Tips

電腦科學家通常將人類的語言稱為自然語言 NL（Natural Language），比如說中文、英文、日文、韓文、泰文等，這也使得自然語言處理（Natural Language Processing, NLP）範圍非常廣泛，所謂 NLP 就是讓電腦擁有理解人類語言的能力，也就是一種藉由大量的文本資料搭配音訊數據，並透過複雜的數學聲學模型（Acoustic model）及演算法來讓機器去認知、理解、分類並運用人類日常語言的技術。

GPT 是「生成型預訓練變換模型（Generative Pre-trained Transformer）」的縮寫，是一種語言模型，可以執行非常複雜的任務，會根據輸入的問題自動生成答案，並具有編寫和除錯電腦程式的能力，如回覆問題、生成文章和程式碼，或者翻譯文章內容等。

11-1-1　聊天機器人的種類

　　以往店家或品牌進行行銷推廣時，必須大費周章取得用戶的電子郵件，不但耗費成本，而且郵件的開信率低，由於聊天機器人的應用方式多元、效果容易展現，可以直觀且方便的透過互動貼標來收集消費者第一方數據，直接幫你獲取客戶的資料，例如：姓名、性別、年齡等臉書所允許的公開資料，驅動更具效力的消費者回饋。

臉書的聊天機器人就是一種自然語言的典型應用

　　聊天機器人共有兩種主要類型：一種是以工作目的為導向，這類聊天機器人是一種專注於執行一項功能的單一用途程式。例如 LINE 的自動訊息回覆，就是一種簡單型聊天機器人。

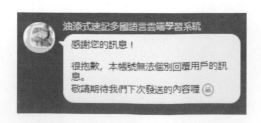

另外一種聊天機器人則是一種資料驅動的模式，能具備預測性的回答能力，這類聊天機器人，就如同 Apple 的 Siri 就是屬於這一種類型的聊天機器人。

例如，在臉書粉絲專頁或 LINE 常見有包含留言自動回覆、聊天或私訊互動等各種類型的機器人，其實這一類具備自然語言對話功能的聊天機器人也可以利用 NPL 分析方式進行打造，也就是說，聊天機器人是一種自動的問答系統，它會模仿人的語言習慣，也可以和你「正常聊天」，就像人與人的聊天互動，而 NPL 方式來讓聊天機器人可以根據訪客輸入的留言或私訊，以自動回覆的方式與訪客進行對話，也會成為企業豐富消費者體驗的強大工具。

11-2 ChatGPT 初體驗

從技術的角度來看，ChatGPT 是根據從網路上獲取的大量文本樣本進行機器人工智慧的訓練，與一般聊天機器人的相異之處在於 ChatGPT 有豐富的知識庫以及強大的自然語言處理能力，使得 ChatGPT 能夠充分理解並自然地回應訊息，不管你有什麼疑難雜症，你都可以詢問它。國外許多專家都一致認為 ChatGPT 聊天機器人比 Apple Siri 語音助理或 Google 助理更聰明，當用戶不斷以問答的方式和 ChatGPT 進行互動對話，聊天機器人就會根據你的問題進行相對應的回答，並提升這個 AI 的邏輯與智慧。

登入 ChatGPT 的網站，在註冊過程中，雖然是全英文介面，但在註冊後與 ChatGPT 聊天機器人互動發問問題時，可以使用中文輸入，而且回答的內容不僅專業性不失水準，甚至是不亞於人類的回答內容。

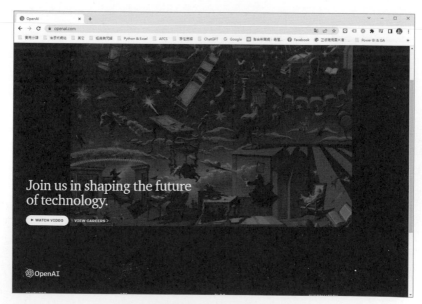

OpenAI 官網 https://openai.com/

　　目前 ChatGPT 可以辨識中文、英文、日文或西班牙文等多國語言，透過人性化的回應方式來回答各種問題。這些問題甚至含概了各種專業技術領域或學科的問題，可以說是樣樣精通的百科全書，不過 ChatGPT 的資料來源並非 100% 正確，在使用 ChatGPT 時所獲得的回答可能會有偏誤，為了讓得到的答案更準確，使用 ChatGPT 時，應避免使用模糊的詞語或縮寫。「問對問題」不僅能夠幫助用戶獲得更好的回答，ChatGPT 也會藉此不斷精進優化，AI 工具的魅力就在於它的學習能力及彈性，尤其目前的 ChatGPT 版本已經可以累積與儲存學習記錄。切記！清晰具體的提問才是與 ChatGPT 的最佳互動。如果需要深入知道更多的內容，就要盡量提供夠多的訊息，最好就是足夠的細節和上下文。

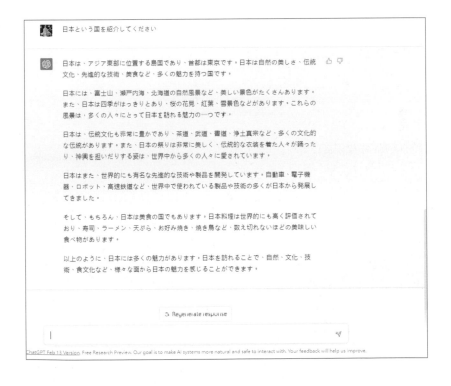

11-2-1　註冊免費 ChatGPT 帳號

首先我們來示範如何註冊免費的 ChatGPT 帳號。請先登入 ChatGPT 官網，網址為 https://chat.openai.com/，登入官網後，若是沒有帳號的使用者，可以直接點選畫面中的「Sign up」按鈕，註冊一個免費的 ChatGPT 帳號。

接著請輸入 Email 帳號，或是如果已經有 Google 帳號或是 Microsoft 帳號，也可以透過這兩個帳號進行註冊登入。此處我們示範以電子信箱註冊的方式來建立新的 ChatGPT 帳號：請在下圖視窗中間的文字輸入方塊中輸入要註冊的電子信箱，輸入完畢後，接著按下「Continue」鈕。

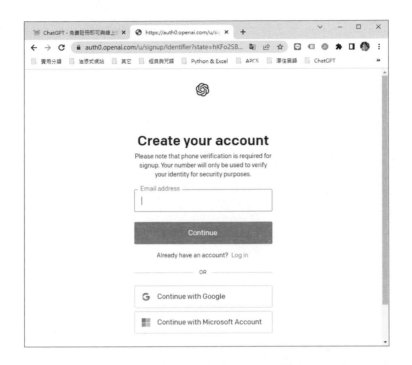

緊接著，系統會要求輸入一組至少 8 個字元的密碼，來作為這個帳號的註冊密碼。

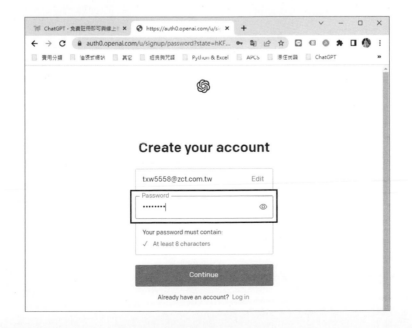

　　輸入完畢後，再按下「Continue」鈕，會出現類似下圖的「Verify your email」的畫面。

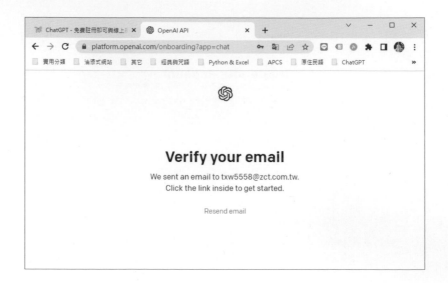

　　接著打開自己收發郵件的程式，會收到如下圖的「Verify your email address」的電子郵件。請直接按下「Verify email address」鈕。

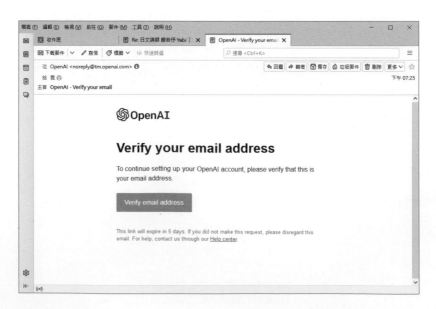

接下來會進入到輸入姓名的畫面。請注意，這裡要特別補充說明的是，如果你是透過 Google 帳號或 Microsoft 帳號快速計冊登入，就會直接進入到以下輸入姓名的畫面。

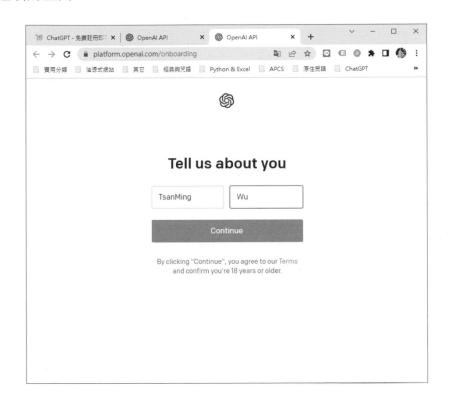

輸入完姓名後，按下「Continue」鈕，之後就會要求輸入個人的電話號碼來進行身分驗證，這是一個非常重要的步驟！——如果沒有透過電話號碼來通過身分驗證，就沒有辦法使用 ChatGPT。請注意，下圖輸入行動電話時，請直接輸入行動電話後面的數字，例如你的電話是「0931222888」，只要直接輸入「931222888」；輸入完畢後，記得按下「Send Code」鈕。

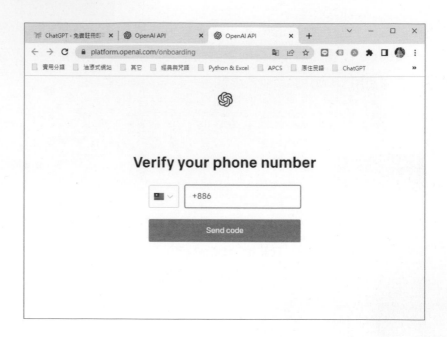

大概過幾秒後，就可以收到官方系統發送到指定號碼的簡訊，簡訊會顯示 6 碼的數字。

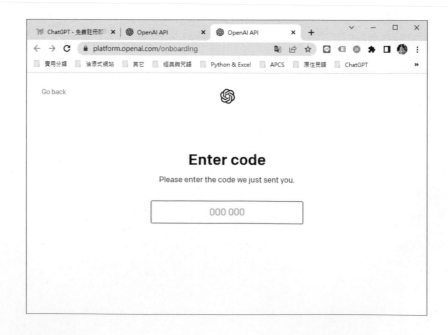

輸入手機所收到的 6 碼驗證碼後，就可以正式啟用 ChatGPT。登入 ChatGPT 之後，會看到以下畫面，在畫面中可以找到許多和 ChatGPT 進行對話的真實例子，也可以了解使用 ChatGPT 有哪些限制。

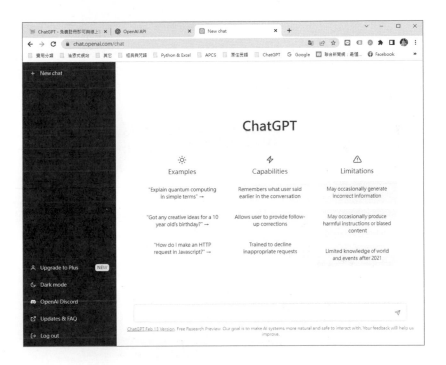

11-2-2　更換新的機器人

可以藉由這種問答的方式，持續地去和 ChatGPT 對話。如果想要結束這個機器人，可以點選左側的「New Chat」，就會重新回到起始畫面，並新開一個新的訓練模型，此時如果輸入同一個問題，得到的結果可能會不一樣。

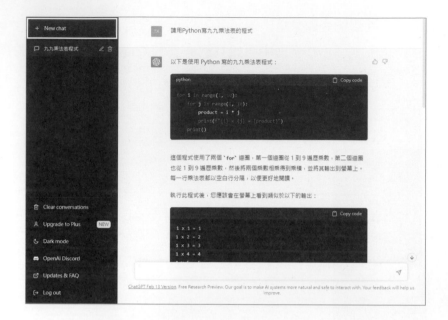

11-2-3　登出 ChatGPT

如果要登出 ChatGPT，只要按下畫面中的「Log out」鈕。

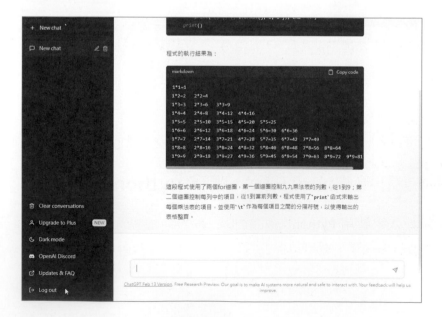

登出後會來到以下畫面。按下「Log in」鈕,即可再次登入 ChatGPT。

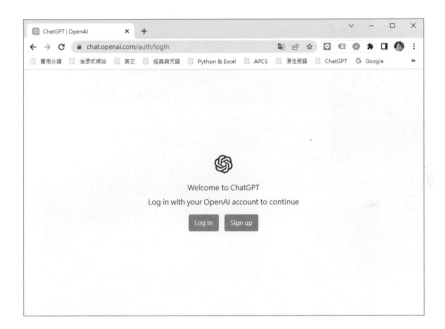

11-3 使用 ChatGPT 寫 Python 程式

當我們登入 ChatGPT 之後,開始畫面會告訴你 ChatGPT 的使用方式,只要在畫面下方的對話框中,輸入自己想要問的問題,ChatGPT 就會開始回答你。

11-3-1 利用 ChatGPT AI 撰寫 Python 程式

例如輸入「請用 Python 寫九九乘法表的程式」,按下「Enter」鍵正式向 ChatGPT 機器人詢問,就可以得到類似下圖的回答:

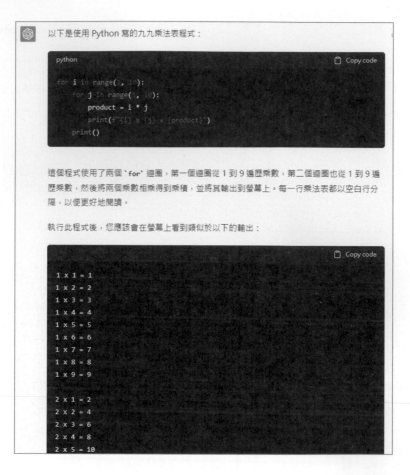

以下是使用 Python 寫的九九乘法表程式：

```python
for i in range(1, 10):
    for j in range(1, 10):
        product = i * j
        print(f"{i} x {j} = {product}")
    print()
```

這個程式使用了兩個 `for` 迴圈，第一個迴圈從 1 到 9 遍歷乘數，第二個迴圈也從 1 到 9 遍歷乘數，然後將兩個乘數相乘得到乘積，並將其輸出到螢幕上。每一行乘法表都以空白行分隔，以便更好地閱讀。

執行此程式後，您應該會在螢幕上看到類似於以下的輸出：

```
1 x 1 = 1
1 x 2 = 2
1 x 3 = 3
1 x 4 = 4
1 x 5 = 5
1 x 6 = 6
1 x 7 = 7
1 x 8 = 8
1 x 9 = 9

2 x 1 = 2
2 x 2 = 4
2 x 3 = 6
2 x 4 = 8
2 x 5 = 10
```

　　在回答的結果中不僅可以取得九九乘法表的程式碼，還會在該程式碼的下方解釋這支程式的設計邏輯，例如上圖程式碼下方的說明文字如下：

> 這個程式使用了兩個 for 迴圈，第一個迴圈從 1 到 9 遍歷乘數，第二個迴圈也從 1 到 9 遍歷乘數，然後將兩個乘數相乘得到乘積，並將其輸出到螢幕上。每一行乘法表都以空白行分隔，看起來更加容易閱讀。

我們還可以從 ChatGPT 的回答中看到執行此程式後,您應該會在螢幕上看到類似於以下的輸出:

```
Copy code

1 x 1 = 1
1 x 2 = 2
1 x 3 = 3
1 x 4 = 4
1 x 5 = 5
1 x 6 = 6
1 x 7 = 7
1 x 8 = 8
1 x 9 = 9

2 x 1 = 2
2 x 2 = 4
2 x 3 = 6
2 x 4 = 8
2 x 5 = 10
2 x 6 = 12
2 x 7 = 14
2 x 8 = 16
2 x 9 = 18

3 x 1 = 3
3 x 2 = 6
3 x 3 = 9
```

11-3-2　複製 ChatGPT 幫忙寫的程式碼

如果要取得這支程式碼,還可以按下回答視窗右上角的「Copy code」鈕,就可以將 ChatGPT 幫忙撰寫的程式,複製貼上到 Python 的 IDLE 的程式碼編輯器,如下圖所示:

```
for i in range(1, 10):
    for j in range(1, 10):
        product = i * j
        print(f"{i} x {j} = {product}")
    print()
```

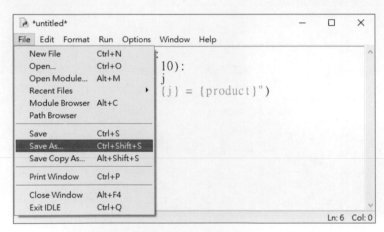

11-3-3　ChatGPT AI 程式與人工撰寫程式的比較

　　底下是筆者自行用人工方式撰寫的九九乘法表，從輸出的結果來看，各位可以比對一下，其實用 ChatGPT 撰寫出來的程式完全不輸給程式設計人員自己撰寫的程式，有了 ChatGPT 這項利器，相信可以幫助各位解決不少 Python 程式設計的問題。

範例程式 **table.py** ▶ 九九乘法表

```
01  for x in range(1, 10):
02      for y in range(1, 10):
03          print("{0}*{1}={2: ^2}".format(y, x, x * y), end=" ")
04      print()
```

執行結果

```
1*1=1    2*1=2    3*1=3    4*1=4    5*1=5    6*1=6    7*1=7    8*1=8    9*1=9
1*2=2    2*2=4    3*2=6    4*2=8    5*2=10   6*2=12   7*2=14   8*2=16   9*2=18
1*3=3    2*3=6    3*3=9    4*3=12   5*3=15   6*3=18   7*3=21   8*3=24   9*3=27
1*4=4    2*4=8    3*4=12   4*4=16   5*4=20   6*4=24   7*4=28   8*4=32   9*4=36
1*5=5    2*5=10   3*5=15   4*5=20   5*5=25   6*5=30   7*5=35   8*5=40   9*5=45
1*6=6    2*6=12   3*6=18   4*6=24   5*6=30   6*6=36   7*6=42   8*6=48   9*6=54
1*7=7    2*7=14   3*7=21   4*7=28   5*7=35   6*7=42   7*7=49   8*7=56   9*7=63
1*8=8    2*8=16   3*8=24   4*8=32   5*8=40   6*8=48   7*8=56   8*8=64   9*8=72
1*9=9    2*9=18   3*9=27   4*9=36   5*9=45   6*9=54   7*9=63   8*9=72   9*9=81
```

我們再來看另外一個例子，例如我們在 ChatGPT 提問框輸入「請用 Python 設計一個計算第 n 項費伯那序列的遞迴程式」，再按下「Enter」鍵正式向 ChatGPT 機器人詢問，就可以得到類似下圖的回答：

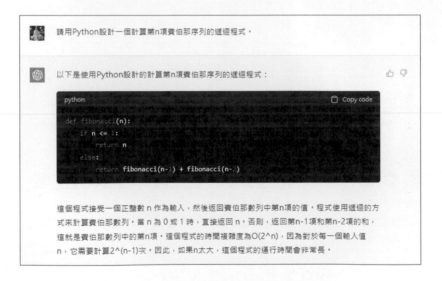

各位可以比對底下筆者自行用人工方式撰寫的第 n 項費伯那序列的遞迴程式，上面程式只是單純列出定義出費伯那序列的函式，但筆者自己設計的程式則可以要求使用者輸入所要計算第幾個費式數列，並以迴圈依序列出費式數列。

範例程式 **fib.py ▶ n** 項費伯那序列的遞迴程式。

```
01  def fib(n): # 定義函數 fib()
02      if n==0 :
03          return 0 # 如果 n=0 則傳回 0
04      elif n==1 or n==2:
05          return 1
06      else:    # 否則傳回 fib(n-1)+fib(n-2)
07          return (fib(n-1)+fib(n-2))
08
09  n=int(input('請輸入所要計算第幾個費式數列:'))
10  for i in range(n+1):# 計算前 n 個費氏數列
11      print('fib(%d)=%d' %(i,fib(i)))
```

執行結果

```
請輸入所要計算第幾個費式數列:10
fib(0)=0
fib(1)=1
fib(2)=1
fib(3)=2
fib(4)=3
fib(5)=5
fib(6)=8
fib(7)=13
fib(8)=21
fib(9)=34
fib(10)=55
```

11-4 ChatGPT AI Python 程式範例集

這個單元我們將示範如何利用 ChatGPT 撰寫各種類型的 Python 程式,這些程式類型包括:

■ 使用 Pygame 遊戲套件繪製多媒體圖案

■ 以內建模組及模擬大樂透的開獎程式

- 建立四個主功能表的視窗應用程式

- 演算法的應用：寫一支迷宮問題的解決方案

- 海龜繪圖法（Turtle Graphics）繪製出兩款精美的圖形

11-4-1　使用 Pygame 遊戲套件繪製多媒體圖案

輸入問題：請以 Python 運用 Pygame 遊戲套件繪製不同顏色的五個同心圓

回答內容：

範例程式 **circle.py** ▶ 繪製不同顏色的五個同心圓

```
01   import random
02
03   # 生成一個隨機數
04   number = random.randint(1, 100)
05
06   # 提示用戶輸入數字
07   guess = int(input("Guess a number between 1 and 100: "))
08
09   # 比較用戶輸入的數字和隨機數的大小
10   while guess != number:
11       if guess < number:
12           guess = int(input("Too low. Guess again: "))
13       else:
14           guess = int(input("Too high. Guess again: "))
15
16   print("Congratulations! You guessed the number", number)
```

執行結果

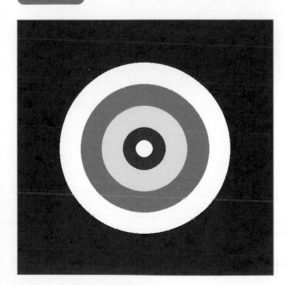

11-4-2 以內建模組及模擬大樂透的開獎程式

輸入問題：請以 Python 寫一支模擬大樂透的開獎程式

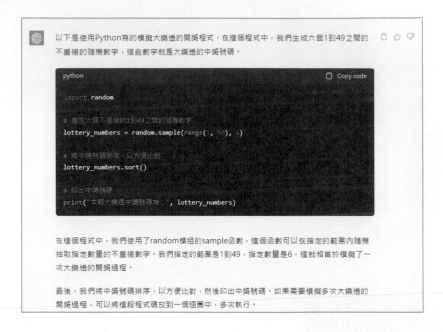

範例程式 lotto.py ▶ 大樂透的開獎程式

```
01  import random
02
03  # 產生六個不重複的 1 到 49 之間的隨機數字
04  lottery_numbers = random.sample(range(1, 50), 6)
05
06  # 將中獎號碼排序，以方便比對
07  lottery_numbers.sort()
08
09  # 印出中獎號碼
10  print(" 本期大樂透中獎號碼為：", lottery_numbers)
```

執行結果

```
Python 3.11.0 (main, Oct 24 2022, 18:26:48) [MSC v.19
33 64 bit (AMD64)] on win32
Type "help", "copyright", "credits" or "license()" fo
r more information.

========= RESTART: C:/Users/User/Desktop/Python+ChatG
PT改版/範例檔/lotto.py =========
本期大樂透中獎號碼為： [6, 19, 26, 41, 47, 49]
```

11-4-3　建立四個主功能表的視窗應用程式

輸入問題：請以 Python 寫一支視窗應用程式，並在視窗建立主功能表，包括：
檔案、編輯、執行、線上説明四個主功能

範例程式 **mainfun.py** ▶ 主功能表

```
01  import tkinter as tk
02
03  class Application(tk.Frame):
04      def __init__(self, master=None):
05          super().__init__(master)
06          self.master = master
07          self.master.title("My Application")
08          self.create_menu()
09          self.pack()
10
11      def create_menu(self):
12          # 建立主功能表
13          menubar = tk.Menu(self.master)
14
15          # 建立檔案主功能
16          file_menu = tk.Menu(menubar, tearoff=0)
```

```
17        file_menu.add_command(label=" 開啟檔案 ", command=self.open_file)
18        file_menu.add_command(label=" 儲存檔案 ", command=self.save_file)
19        file_menu.add_separator()
20        file_menu.add_command(label=" 結束 ", command=self.master.quit)
21        menubar.add_cascade(label=" 檔案 ", menu=file_menu)
22
23        # 建立編輯主功能
24        edit_menu = tk.Menu(menubar, tearoff=0)
25        edit_menu.add_command(label=" 複製 ", command=self.copy)
26        edit_menu.add_command(label=" 剪下 ", command=self.cut)
27        edit_menu.add_command(label=" 貼上 ", command=self.paste)
28        menubar.add_cascade(label=" 編輯 ", menu=edit_menu)
29
30        # 建立執行主功能
31        run_menu = tk.Menu(menubar, tearoff=0)
32        run_menu.add_command(label=" 執行程式 ", command=self.run)
33        menubar.add_cascade(label=" 執行 ", menu=run_menu)
34
35        # 建立線上說明主功能
36        help_menu = tk.Menu(menubar, tearoff=0)
37        help_menu.add_command(label=" 使用說明 ", command=self.show_help)
38        menubar.add_cascade(label=" 線上說明 ", menu=help_menu)
39
40        # 設定主功能表
41        self.master.config(menu=menubar)
42
43    def open_file(self):
44        print(" 開啟檔案 ")
45
46    def save_file(self):
47        print(" 儲存檔案 ")
48
49    def copy(self):
50        print(" 複製 ")
51
52    def cut(self):
53        print(" 剪下 ")
```

```
54
55      def paste(self):
56          print(" 貼上 ")
57
58      def run(self):
59          print(" 執行程式 ")
60
61      def show_help(self):
62          print(" 使用說明 ")
63
64  # 建立主視窗
65  root = tk.Tk()
66
67  # 建立應用程式
68  app = Application(master=root)
69
70  # 執行主迴圈
71  app.mainloop()
```

執行結果

11-4-4　演算法的應用：寫一支迷宮問題的解決方案

輸入問題：請以 Python 寫一支迷宮問題的解決方案

範例程式 **maze.py** ▶ 迷宮問題

```
01  # 定義迷宮
02  maze = [
03      [1, 1, 1, 1, 1],
04      [0, 0, 1, 0, 1],
05      [1, 1, 1, 0, 1],
06      [1, 0, 0, 0, 1],
07      [1, 1, 1, 1, 1]
08  ]
09
10  # 定義方向
11  directions = [(0, 1), (0, -1), (1, 0), (-1, 0)]
12
13  def dfs(x, y, path):
14      # 到達終點
15      if x == len(maze)-1 and y == len(maze[0])-1:
16          return path + [(x, y)]
17
18      # 標記已經走過的路徑
19      maze[x][y] = -1
20
21      # 遍歷四個方向
22      for dx, dy in directions:
23          nx, ny = x + dx, y + dy
24          # 如果下一個位置在範圍內，且還沒有走過，就繼續往下搜尋
25          if 0 <= nx < len(maze) and 0 <= ny < len(maze[0]) and maze[nx]
   [ny] == 1:
26              res = dfs(nx, ny, path + [(x, y)])
27              if res:
28                  return res
29
30      return None
31
32  # 從起點開始搜索
33  path = dfs(0, 0, [])
34  if path:
35      print(" 找到出口，路徑為：", path + [(len(maze)-1, len(maze[0])-1)])
36  else:
37      print(" 沒有找到出口 ")
```

執行結果

```
Python 3.11.0 (main, Oct 24 2022, 18:26:48) [MSC v.
1933 64 bit (AMD64)] on win32
Type "help", "copyright", "credits" or "license()"
for more information.

========= RESTART: C:/Users/User/Desktop/Python+Ch
atGPT改版/範例檔/maze.py =========
找到出口，路徑為：[(0, 0), (0, 1), (0, 2), (0, 3),
(0, 4), (1, 4), (2, 4), (3, 4), (4, 4), (4, 4)]
```

11-4-5　海龜繪圖法繪製兩款精美的圖形

輸入問題：請以 Python 寫一支利用海龜繪圖法（Turtle Graphics）繪製出兩款精美的圖形

範例程式 **drawpic1.py** ▶ 螺旋矩陣圖案

```
01    import turtle
02
03    def draw_spiral_matrix(size):
04        # 初始化海龜
05        turtle.speed(0)
06        turtle.color("black")
07        turtle.penup()
08        turtle.goto(-size//2, size//2)
09        turtle.pondown()
10
11        # 繪製螺旋矩陣
12        for i in range(size//2):
13            for direction in [(1, 0), (0, -1), (-1, 0), (0, 1)]:
14                dx, dy = direction
15                for j in range(i*2 + 1):
16                    turtle.forward(20)
```

```
17              turtle.left(90)
18              if j == i:
19                  turtle.penup()
20                  turtle.forward(20)
21                  turtle.pendown()
22          turtle.penup()
23          turtle.goto(turtle.xcor()+dx*20, turtle.ycor()+dy*20)
24          turtle.pendown()
25
26      # 隱藏海龜
27      turtle.hideturtle()
28
29  # 畫出螺旋矩陣
30  draw_spiral_matrix(10)
31  turtle.done()
```

執行結果

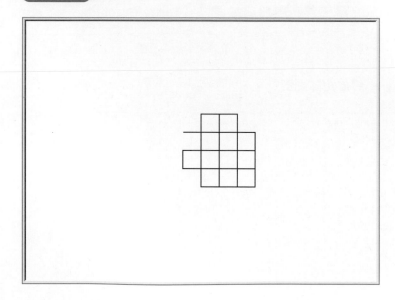

範例程式 **drawpic2.py** ▶ 六邊形螺旋圖案

```
01  import turtle
02
03  def draw_hexagon_spiral(size):
04      # 初始化海龜
05      turtle.speed(0)
06      turtle.color("black")
07      turtle.penup()
08      turtle.goto(0, 0)
09      turtle.pendown()
10
11      # 繪製六邊形螺旋
12      side_length = 10
13      for i in range(size):
14          for j in range(6):
15              turtle.forward(side_length*(i+1))
16              turtle.right(60)
17          turtle.right(60)
18
19      # 隱藏海龜
20      turtle.hideturtle()
21
22  # 畫出六邊形螺旋
23  draw_hexagon_spiral(10)
24  turtle.done()
```

執行結果

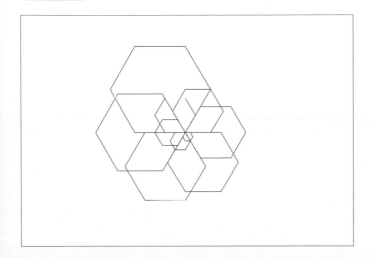

11-5 課堂上學不到的 ChatGPT 使用秘訣

　　在開始介紹各種 ChatGPT 的對話範例之前，我們將談談 ChatGPT 正確使用訣竅及一些 ChatGPT 的重要特性，這將有助於各位可以更加利用 ChatGPT 得心應手。當使用 ChatGPT 進行對話前，必須事先想好明確的主題和問題，這才可以幫助 ChatGPT 可以更加精準理解你要問的重點，才能提供一個更準確的答案。尤其所輸入的提問，必須簡單、清晰、明確的問題，避免使用難以理解或模糊的語言，才不會發生 ChatGPT 的回答內容，不是自己所期望的。

　　因為 ChatGPT 的設計目的是要理解和生成自然語言，因此輸入的問題儘量使用自然、流暢的語言與 ChatGPT 對話，尤其是避免使用過於正式或技術性的語言。另外須注意，不要提問與主題無關的問題，不然有可能會導致 ChatGPT 在回答之後的問題時，越來越抓不到問題的核心。

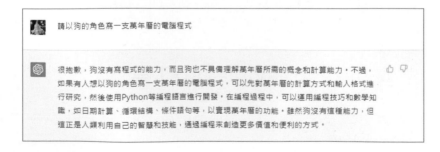

有一點要強調的是，在與 ChatGPT 進行對話時，還是要保持基本的禮貌和尊重，不要使用攻擊性的語言或不當言詞，因為與 ChatGPT 進行對話它能記錄對話內容，保持禮貌和尊重的提問方式，將有助於建立一個良好的對話環境。

11-5-1　能記錄對話內容

與 ChatGPT 進行對話時，它會記錄對話內容，因此如果你希望 ChatGPT 可以針對你的提問提供更準確的回答內容，就必須儘量提供足夠且包含前後文的脈絡，例如問題的背景描述、角色細節及專業領域等。

11-5-2　專業問題可事先設定人物背景及腳本

各位要輸入問題前，可以事先設定人物的專業背景及腳本，也就是說有事先說明人物背景設定與沒有事先說明人物背景設定所回答的結果，有時會完全不一樣。例如，如果我們想要問 ChatGPT 如何改善便祕問題的診斷方向，如果沒有事先設定人物的背景及專業，其回答的內容可能會是較為一般通俗性的回答。

11-5-3　目前只回答 2021 年前

這是因為 ChatGPT 是使用 2021 年前所收集到的網路資料進行訓練，如果各位試著提供 2022 年之後的新知，就有可能出現 ChatGPT 無法回答的情況產生。

11-5-4　善用英文及 Google 翻譯工具

ChatGPT 在接收到英文問題時，其回答速度、答案的完整度及正確性都較好，所以用戶如果想要以較快的方式取得較為正確或內容豐富的解答，這時就可以考慮先以英文的方式進行提問，如果自身的英文閱讀能力夠好，就可以直接吸收英文的回答內容。就算英文程度不算好，想要充份理解 ChatGPT 的英文回答內容時，只要善用 Google 翻譯工具，也可以協助各位將英文內容翻譯成中文來幫助理解，而且 Google 的翻譯品質有一定的水準。

11-5-5　熟悉重要指令

ChatGPT 指令相當多元，你可以要求 ChatGPT 編寫程式，也可以要求 ChatGPT 幫忙寫 README 文件，或是你也可以要求 ChatGPT 幫忙編寫履歷與自傳或者是協助語言的學習。如果想了解更多有關 ChatGPT 常見指令大全，建議各位可以連上「ExplainThis」這個網站，在下列網址的網頁中，提供諸如程式開發、英語學習、寫報告等許多類別指令，可以幫助各位更加充分地發揮 ChatGPT 的強大功能。

https://www.explainthis.io/zh-hant/chatgpt

11-5-6 充份利用其它網站的 **ChatGPT** 相關資源

　　除了上面介紹的「ChatGPT 指令大全」網站的實用資源外，由於 ChatGPT 功能強大，而且應用層面越來越廣，現在有越來越多的網站提供有關 ChatGPT 的不同方面的資源，包括：ChatGPT 指令、學習、功能、研究論文、技術文章、示範應用等相關資源，本節將介紹幾個筆者認為值得推薦的 ChatGPT 相關資源的網站，介紹如下：

■ **OpenAI 官方網站**：提供 ChatGPT 的相關技術文章、示範應用、新聞發布等等。（https://openai.com/）

■ **GitHub**：GitHub 是一個網上的程式碼儲存庫（Code Repository），主要宗旨在協助開發人員與團隊進行協作開發。GitHub 使用 Git 作為其基礎技術，能讓開發人員更好掌握代碼版本控制，更容易協作開發。OpenAI 官方的開放原始程式碼和相關資源。（https://github.com/openai）

■ **arXiv.org**：提供 ChatGPT 相關的學術研究論文和技術報告。（https://arxiv.org/）

■ **Google Scholar**：提供 ChatGPT 相關的學術研究論文和技術報告的搜尋引擎。（https://scholar.google.com/）

■ **Towards Data Science**：提供有關 ChatGPT 的技術文章和教程。（https://towardsdatascience.com/）

■ **數位時代**：提供有關 ChatGPT 的技術文章和示範應用。（https://www.bnext.com.tw/）

11-6 利用 ChatGPT 輕鬆開發 AI 小遊戲

前面章節提到我們可以利用 ChatGPT 撰寫各種類型的 Python 程式，也舉了一些應用在繪製多媒體圖案、模擬大樂透的開獎、建立視窗應用程式等例子。在這個小節當中，我們將更進一步來發揮 ChatGPT 不可思議的能力，就請 ChatGPT 直接為使用者開發幾款小遊戲來玩。

11-6-1 請 ChatGPT 自我推薦以 Python 實作的小遊戲

如果各位想要請 ChatGPT 開發哪一款遊戲拿不定主意時，這時不妨來問問 ChatGPT 可以幫助各位開發哪些小遊戲，話不多說，我們就直接來問 ChatGPT 吧！

輸入問題：請列出 3 款不需要用到圖形技巧，只需純本文介面的小遊戲的名稱，而且這幾款遊戲你可以提供完整的 Python 程式碼給我參考。

回答內容：

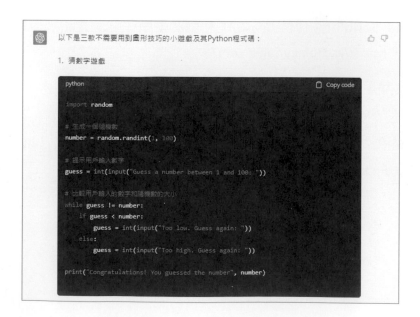

以下幾款小遊戲都是 ChatGPT 直接撰寫的程式，筆者只是利用「Copy Code」鈕將程式複製到 Python 的 IDLE 整合式開發環境去執行看看，以下為這幾款小遊戲的完整程式碼及執行結果：

11-6-2 猜數字遊戲

這款遊戲會由系統生成一個隨機數，接著再提示用戶輸入數字，並比較用戶輸入的數字和隨機數的大小，並提示用戶所輸入的數字與答案的大小差別，直到猜對數字。

範例程式 **game1.py** ▶ 猜數字遊戲

```
01  import random
02
03  # 生成一個隨機數
04  number = random.randint(1, 100)
05
06  # 提示用戶輸入數字
07  guess = int(input("Guess a number between 1 and 100: "))
08
09  # 比較用戶輸入的數字和隨機數的大小
10  while guess != number:
11      if guess < number:
12          guess = int(input("Too low. Guess again: "))
13      else:
14          guess = int(input("Too high. Guess again: "))
15
16  print("Congratulations! You guessed the number", number)
```

執行結果

```
Python 3.11.0 (main, Oct 24 2022, 18:26:48) [MSC v.1933 64 bit
(AMD64)] on win32
Type "help", "copyright", "credits" or "license()" for more in
formation.

====== RESTART: C:\Users\User\Desktop\Python+ChatGPT改版\ch15
範例檔\game1.py ======
Guess a number between 1 and 100: 50
Too low. Guess again: 75
Too low. Guess again: 85
Too low. Guess again: 90
Too low. Guess again: 95
Congratulations! You guessed the number 95
|
```

11-6-3　OX 井字遊戲

　　OX 井字遊戲是一款簡單的紙筆遊戲，也被稱為井字遊戲、三目遊戲等。它通常在一個 3x3 的方格棋盤上進行，由兩個玩家交替放置自己的標誌（通常是 O 和 X），目標是在橫、豎、對角線上先形成三個相同的標誌的連線，以獲得勝利。

　　遊戲開始時，先手玩家通常選擇自己的標誌，然後交替輪流放置，直到其中一方獲勝或棋盤填滿。OX 井字遊戲雖簡單易上手，但具有豐富的策略和變化，尤其是在高水準的比賽，玩家需要有良好的判斷和佈局能力，才能贏得勝利。

範例程式 **game2.py** ▶ OX 井字遊戲

```python
01  def print_board(board):
02      for row in board:
03          print(row)
04
05  def get_move(player):
06      move = input(f"{player}, enter your move (row,column): ")
07      row, col = move.split(",")
08      return int(row) - 1, int(col) - 1
09
10  def check_win(board, player):
11      for row in board:
12          if all(square == player for square in row):
13              return True
14      for col in range(3):
15          if all(board[row][col] == player for row in range(3)):
16              return True
17      if all(board[i][i] == player for i in range(3)):
18          return True
19      if all(board[i][2-i] == player for i in range(3)):
20          return True
21      return False
22
23  def tic_tac_toe():
24      board = [[" " for col in range(3)] for row in range(3)]
25      players = ["X", "O"]
26      current_player = players[0]
27      print_board(board)
28      while True:
29          row, col = get_move(current_player)
30          board[row][col] = current_player
31          print_board(board)
32          if check_win(board, current_player):
33              print(f"{current_player} wins!")
34              break
35          if all(square != " " for row in board for square in row):
36              print("Tie!")
37              break
38          current_player = players[(players.index(current_player) + 1) % 2]
39
40  if __name__ == '__main__':
41      tic_tac_toe()
```

執行結果

```
Python 3.11.0 (main, Oct 24 2022, 18:26:48) [MSC v.1933 64 bit (AMD64)] on win32
Type "help", "copyright", "credits" or "license()" for more information.
======= RESTART: C:\Users\User\Desktop\Python+ChatGPT改版\ch15範例檔\game2.py ==
=====
[' ', ' ', ' ']
[' ', ' ', ' ']
[' ', ' ', ' ']
X, enter your move (row,column): 2,2
[' ', ' ', ' ']
[' ', 'X', ' ']
[' ', ' ', ' ']
O, enter your move (row,column): 1,1
['O', ' ', ' ']
[' ', 'X', ' ']
[' ', ' ', ' ']
X, enter your move (row,column): 2,3
['O', ' ', ' ']
[' ', 'X', 'X']
[' ', ' ', ' ']
O, enter your move (row,column): 2,1
['O', ' ', ' ']
['O', 'X', 'X']
[' ', ' ', ' ']
X, enter your move (row,column): 3,1
['O', ' ', ' ']
['O', 'X', 'X']
['X', ' ', ' ']
O, enter your move (row,column): 1,2
['O', 'O', ' ']
['O', 'X', 'X']
['X', ' ', ' ']
X, enter your move (row,column): 1,3
['O', 'O', 'X']
['O', 'X', 'X']
['X', ' ', ' ']
X wins!
```

11-6-4 猜拳遊戲

猜拳遊戲是一種經典的競技遊戲，通常由兩人進行。玩家需要用手勢模擬出「石頭」、「剪刀」、「布」這三個選項中的一種，然後與對手進行比較，判斷誰贏誰輸。「石頭」打「剪刀」、「剪刀」剪「布」、「布」包「石頭」，勝負規則如此。在遊戲中，玩家需要根據對手的表現和自己的直覺，選擇出最可能獲勝的手勢。

範例程式 **game3.py** ▶ 猜拳遊戲

```
01   import random
02
03   # 定義猜拳選項
04   options = ["rock", "paper", "scissors"]
05
06   # 提示用戶輸入猜拳選項
07   user_choice = input("Choose rock, paper, or scissors: ")
08
09   # 電腦隨機生成猜拳選項
10   computer_choice = random.choice(options)
11
12   # 比較用戶和電腦的猜拳選項，判斷輸贏
13   if user_choice == computer_choice:
14       print("It's a tie!")
15   elif user_choice == "rock" and computer_choice == "scissors":
16       print("You win!")
17   elif user_choice == "paper" and computer_choice == "rock":
18       print("You win!")
19   elif user_choice == "scissors" and computer_choice == "paper":
20       print("You win!")
21   else:
22       print("You lose!")
```

執行結果

```
Python 3.11.0 (main, Oct 24 2022, 18:26:48) [MSC v.1933 64 bit (AMD64)
] on win32
Type "help", "copyright", "credits" or "license()" for more informatio
n.

======= RESTART: C:\Users\User\Desktop\Python+ChatGPT改版\ch15範例檔\g
ame3.py =======
Choose rock, paper, or scissors: scissors
You win!
```

11-6-5 比牌面大小遊戲

比牌面大小遊戲，又稱為撲克牌遊戲，是一種以撲克牌作為遊戲工具的競技遊戲。玩家在遊戲中擁有一手牌，每張牌的面值和花色不同，根據不同的規則進行比較，最終獲得最高的分數或獎勵。

範例程式 **game4.py** ▶ 比牌面大小遊戲

```
01   import random
02
03   def dragon_tiger():
04       cards = ["A", 2, 3, 4, 5, 6, 7, 8, 9, 10, "J", "Q", "K"]
05       dragon_card = random.choice(cards)
06       tiger_card = random.choice(cards)
07       print(f"Dragon: {dragon_card}")
08       print(f"Tiger: {tiger_card}")
09       if cards.index(dragon_card) > cards.index(tiger_card):
10           print("Dragon wins!")
11       elif cards.index(dragon_card) < cards.index(tiger_card):
12           print("Tiger wins!")
13       else:
14           print("Tie!")
15
16   if __name__ == '__main__':
17       dragon_tiger()
```

執行結果

```
Python 3.11.0 (main, Oct 24 2022, 18:26:48) [MSC v.1933 64 bit
(AMD64)] on win32
Type "help", "copyright", "credits" or "license()" for more in
formation.

======= RESTART: C:/Users/User/Desktop/Python+ChatGPT改版/ch15
範例檔/game4.py =======
Dragon: K
Tiger: Q
Dragon wins!
|
```

MEMO

MEMO

MEMO

MEMO

讀者回函

感謝您購買本公司出版的書，您的意見對我們非常重要！由於您寶貴的建議，我們才得以不斷地推陳出新，繼續出版更實用、精緻的圖書。因此，請填妥下列資料(也可直接貼上名片)，寄回本公司(免貼郵票)，您將不定期收到最新的圖書資料！

購買書號：　　　　　**書名：**

姓　　名：＿＿＿＿＿＿＿＿＿＿＿＿＿＿＿＿＿＿＿＿＿＿＿＿

職　　業：□上班族　　□教師　　　□學生　　　□工程師　　□其它

學　　歷：□研究所　　□大學　　　□專科　　　□高中職　　□其它

年　　齡：□10~20　　□20~30　　□30~40　　□40~50　　□50~

單　　位：＿＿＿＿＿＿＿＿＿＿＿＿　部門科系：＿＿＿＿＿＿＿＿＿

職　　稱：＿＿＿＿＿＿＿＿＿＿＿＿　聯絡電話：＿＿＿＿＿＿＿＿＿

電子郵件：＿＿＿＿＿＿＿＿＿＿＿＿＿＿＿＿＿＿＿＿＿＿＿＿＿

通訊住址：□□□ ＿＿＿＿＿＿＿＿＿＿＿＿＿＿＿＿＿＿＿＿＿

＿＿＿＿＿＿＿＿＿＿＿＿＿＿＿＿＿＿＿＿＿＿＿＿＿＿＿＿＿＿

您從何處購買此書：

□書局 ＿＿＿＿＿　□電腦店 ＿＿＿＿＿　□展覽 ＿＿＿＿　□其他

您覺得本書的品質：

內容方面：　□很好　　　　□好　　　　□尚可　　　　□差

排版方面：　□很好　　　　□好　　　　□尚可　　　　□差

印刷方面：　□很好　　　　□好　　　　□尚可　　　　□差

紙張方面：　□很好　　　　□好　　　　□尚可　　　　□差

您最喜歡本書的地方：＿＿＿＿＿＿＿＿＿＿＿＿＿＿＿＿＿＿＿＿＿

您最不喜歡本書的地方：＿＿＿＿＿＿＿＿＿＿＿＿＿＿＿＿＿＿＿

假如請您對本書評分，您會給(0~100分)：＿＿＿＿＿＿ 分

您最希望我們出版那些電腦書籍：

請將您對本書的意見告訴我們：

您有寫作的點子嗎？□無　　□有　　專長領域：＿＿＿＿＿＿＿＿

廣 告 回 函
台灣北區郵政管理局登記證
北 台 字 第 4 6 4 7 號
印 刷 品 · 免 貼 郵 票

221

博碩文化股份有限公司　產品部

台灣新北市汐止區新台五路一段112號10樓A棟